怎样识读建筑施工图

鲍凤英 主编
任 颖 编著

金盾出版社

内 容 提 要

本书是在原《怎样看建筑施工图》基础上，根据最新国家标准改编而成，主要介绍了建筑施工图的识读方法。内容包括：房屋建筑制图统一标准，投影基本知识，土建施工图的形成、内容、表达方式及识读实例，并附有一套较完整的最新施工图供读者参阅。

本书突出职业技术教育及自学的特点，内容简明实用，图文结合，通俗易懂，既可作为职业技术院校的教材，又可作为岗位培训教材，还可供一般读者自学。

图书在版编目(CIP)数据

怎样识读建筑工图/鲍凤英主编．—北京：金盾出版社，2011.5(2018.7重印)
ISBN 978-7-5082-6793-7

Ⅰ.①怎… Ⅱ.①鲍… Ⅲ.①建筑制图—识图法 Ⅳ.①TU204

中国版本图书馆CIP数据核字(2011)第006450号

金盾出版社出版、总发行
北京市太平路5号(地铁万寿路站往南)
邮政编码：100036　电话：68214039　83219215
传真：68276683　网址：www.jdcbs.cn
双峰印刷装订有限公司印刷、装订
各地新华书店经销
开本：787×1092 1/16　印张：13.375　字数：252千字
2018年7月第1版第8次印刷
印数：34 001～37 000册　定价：38.00元

(凡购买金盾出版社的图书，如有缺页、
倒页、脱页者，本社发行部负责调换)

前　言

《怎样看建筑施工图》自2001年出版以来,已经印刷11次共10万册,受到了广大读者的喜爱。但随着我国建筑业的快速发展,以及新标准、新规范的实施,书中内容亟需更新。为满足职业教育及岗位培训的需要,并考虑到施工技术人员的特点和文化基础,我们在原书框架基础上新编了这本培训教材。

本书是建筑施工识图中实践性较强的专业教材,介绍了建筑工程图的成图原理;重点讲述了土建施工图的图纸组成、内容以及识图方法,并结合北京地区一般建筑常用构造做法,配合框架结构举例说明;书后的附图为一砖混结构识图实例。

本书遵循理论联系实际、深入浅出、体现职业教育特色的原则编写,注意突出教材的实用性,力求做到图文结合、通俗易懂、简明实用。在编写中采用了《房屋建筑制图统一标准》等有关最新标准,并附有常用建筑图例。

本书由鲍凤英主编,任颖编写了第十章部分内容。

由于作者水平有限,书中难免有不当之处,恳请广大读者指正。

作　者

目 录

第一章 识图基础知识 …… 1
  第一节 投影的基本概念 …… 1
  第二节 三面投影图 …… 3
  第三节 剖面图与断面图 …… 9

第二章 整套施工图概况 …… 16
  第一节 图纸目录 …… 16
  第二节 标题栏与索引符号和详图符号 …… 17
  第三节 识图注意事项 …… 19

第三章 建筑总平面图 …… 22
  第一节 比例、标高与总平面图图例 …… 22
  第二节 建筑总平面图的识读 …… 24

第四章 建筑平面图 …… 27
  第一节 建筑平面图的形成与数量 …… 27
  第二节 建筑平面图的有关图例与规定 …… 28
  第三节 建筑平面图的内容 …… 33
  第四节 建筑平面图的识读 …… 34

第五章 建筑立面图 …… 44
  第一节 建筑立面图的形成与数量 …… 44
  第二节 建筑立面图的有关规定 …… 44
  第三节 建筑立面图的内容 …… 46
  第四节 建筑立面图的识读 …… 46

第六章 建筑剖面图 …… 52
  第一节 建筑剖面图的形成与数量 …… 52
  第二节 建筑剖面图的有关图例和规定 …… 53
  第三节 建筑剖面图的内容 …… 54
  第四节 建筑剖面图的识读 …… 55
  第五节 平、立、剖面图的联合识读 …… 56

第七章　建筑详图 ……………………………………………………… 58
第一节　概述 ……………………………………………………… 58
第二节　外墙详图 ………………………………………………… 59
第三节　楼梯详图 ………………………………………………… 64
第四节　门窗详图 ………………………………………………… 70

第八章　结构施工图简介 ………………………………………… 71
第一节　结构施工图的内容与作用 ……………………………… 71
第二节　建筑结构施工图平面整体表示设计方法简介 ………… 71
第三节　钢筋混凝土结构基本知识 ……………………………… 76

第九章　建筑物基础图 …………………………………………… 81
第一节　建筑物基础的有关知识 ………………………………… 81
第二节　建筑物基础平面图 ……………………………………… 83
第三节　建筑物基础详图 ………………………………………… 83
第四节　建筑物基础图的识读 …………………………………… 84

第十章　建筑物结构平面图 ……………………………………… 88
第一节　建筑物结构平面图概述 ………………………………… 88
第二节　建筑物结构平面图的内容 ……………………………… 90
第三节　建筑物结构平面图的识读 ……………………………… 91

第十一章　建筑物构件结构详图 ………………………………… 99
第一节　钢筋混凝土构件结构详图 ……………………………… 99
第二节　钢筋混凝土构件结构详图的识读 ……………………… 99

附图 ………………………………………………………………… 106
Ⅰ　图纸目录 ……………………………………………………… 106
Ⅱ　附图说明 ……………………………………………………… 107

第一章 识图基础知识

工程图样是按照一定的投影原理和图示方法绘制的,能表达物体的位置、大小、构造、功能的图样。只有掌握这种基本原理和图示方法后,才能看懂任何一种图,才能灵活地把一些平面图上的内容,在脑海里形成一个立体图形。

第一节 投影的基本概念

一、投影

什么叫投影图呢?举例来说,晚上打开电灯,在灯下的桌子就有个影子落在地板上,如果在地板上画出这个影子的图形,那么这样得到的图就叫投影图(见图1-1),地板面就叫投影面,照射光线就叫投影线。

由此看来,投影对每个人来说并不是件陌生的事。不过,这样的图还不符合建筑图样的要求。因为随着电灯位置前后高低的变化,桌子的投影大小也将有所不同。为了使所得到的投影有一定规律,必须要规定投影线的方向。

二、正投影

我们假定投影线相互平行并且垂直于投影面,这样所得到的投影叫正投影(见图1-2)。建筑图样就是利用正投影原理绘制的。由于正投影图能够准确地表示出建筑物的形体和大小,且作图方法简单,因此在工程制图中广泛应用。

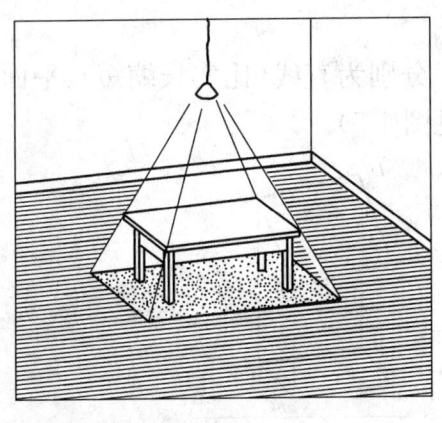

图1-1 投影

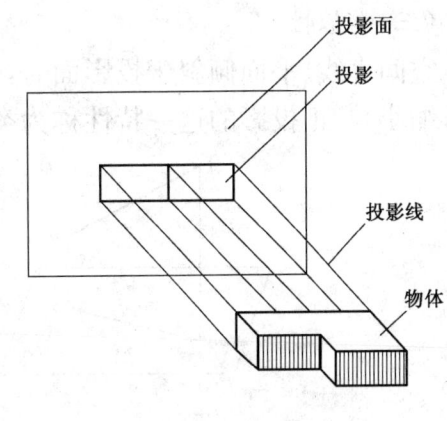

图1-2 正投影

三、正投影的基本特征

(一)度量性

空间直线、平面平行于投影面时,其投影反映实长、实形。正投影的这一特性称为度量性(见图1-3)。这样就可以在投影图上直接反映物体的实际尺寸。这一特性确立了在工程建设中按图施工、建造或制作的理论依据。

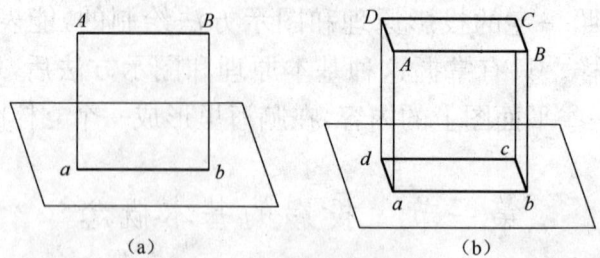

图1-3 正投影的度量性

(二)积聚性

空间直线、平面垂直于投影面时,其投影分别积聚为一个点和一条直线。正投影的这一特性称为积聚性(见图1-4)。

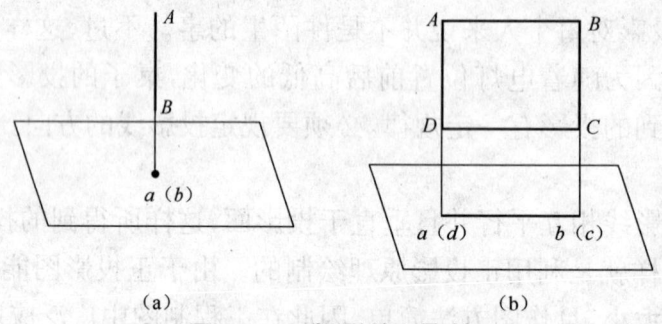

图1-4 正投影的积聚性

(三)类似性

空间直线、平面倾斜于投影面时,其投影仍分别为直线(比实长缩短)、平面(比实形缩小)。正投影的这一特性称为类似性(见图1-5)。

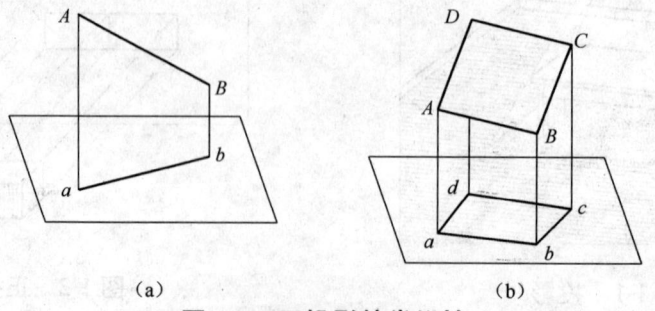

图1-5 正投影的类似性

(四)平行性

空间互相平行的直线(或平面)在同一个投影面上的投影仍保持平行。正投影的这一特性称为平行性(见图1-6)。根据这一特性,可以从投影图上判断物体的空间位置关系。

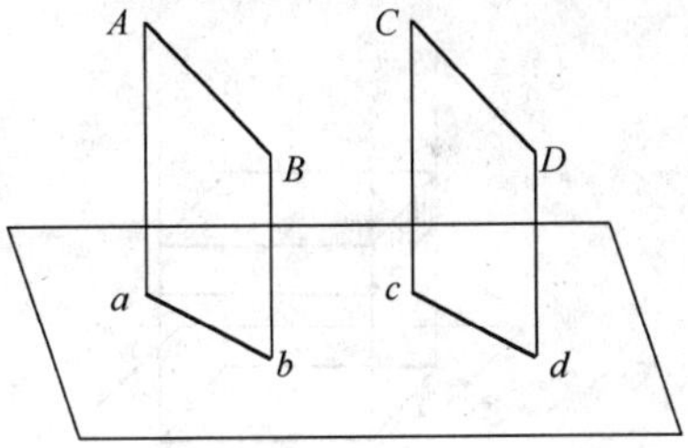

(五)定比性

空间直线上的一点将直线分成两条线段,则两线段实长之比等于它们投影长度之比。正投影的这一特性称为定比性,即在图1-7中,$AC:CB=ac:cb$。

(六)从属性

空间直线(或平面)上的点、线的投影仍落在该直线(或平面)的投影上。正投影的这一特性称为从属性(见图1-8)。

图1-6 正投影的平行性

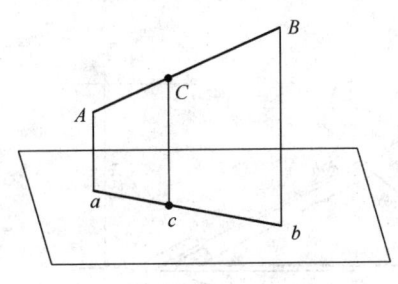

图1-7 正投影的定比性

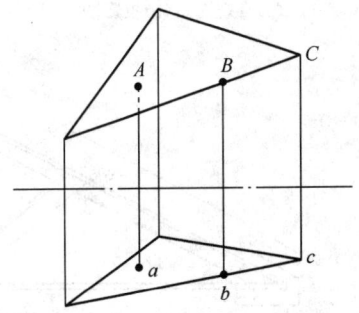

图1-8 正投影的从属性

第二节 三面投影图

一、一面投影

物体在一个投影面上的投影称为一面投影。以一块红砖为例,在红砖的下面放一个水平投影面,简称 H 面,使它平行于红砖的底面,作红砖在 H 面上的正投影(在水平投影面上的投影称为水平投影或 H 投影),其投影为矩形(见图1-9)。这个投影反映出从上往下观看红砖所得的形状,表示了红砖的长度和宽度,但没有表示其高度。由于一面投影只能反映物体的一个侧面,所以,单凭一个投影是不能确定一个空间物体的唯一形状和大小的(见图1-10)。

在建筑工程图中,经常使用一面投影表示房屋的局部构造和构配件。图1-11就是用一面投影表示的钢屋架。

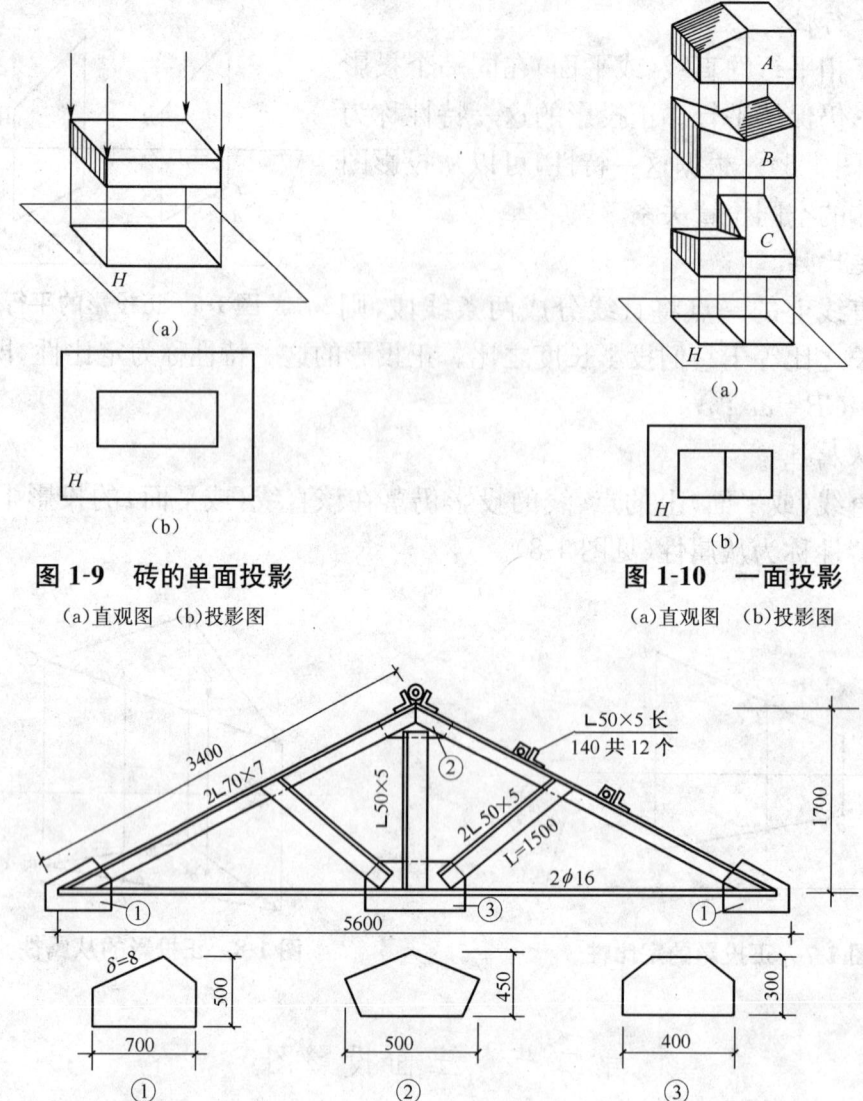

图 1-9 砖的单面投影
(a)直观图 (b)投影图

图 1-10 一面投影
(a)直观图 (b)投影图

图 1-11 钢屋架图

二、两面投影

物体在两个互相垂直的投影面上投影称为两面投影。图 1-12 所示的台阶在已有的水平投影面 H 的基础上,再设立一个铅垂投影面,该投影面叫做正立投影面,简称为 V 面。V 面与 H 面垂直并且相交,交线叫做 X 轴。物体在正立投影面上的投影称为正面投影或 V 投影。分别作台阶在 V 面与 H 面的投影,两者共同组成两面投影。V 投影反映台阶的长和高,H 投影反映台阶的长和宽。

在建筑工程图中,应用两面投影来表示构配件及建筑制品的形状和大小的例子也很多。图 1-13 所示为木榫头的两面投影。

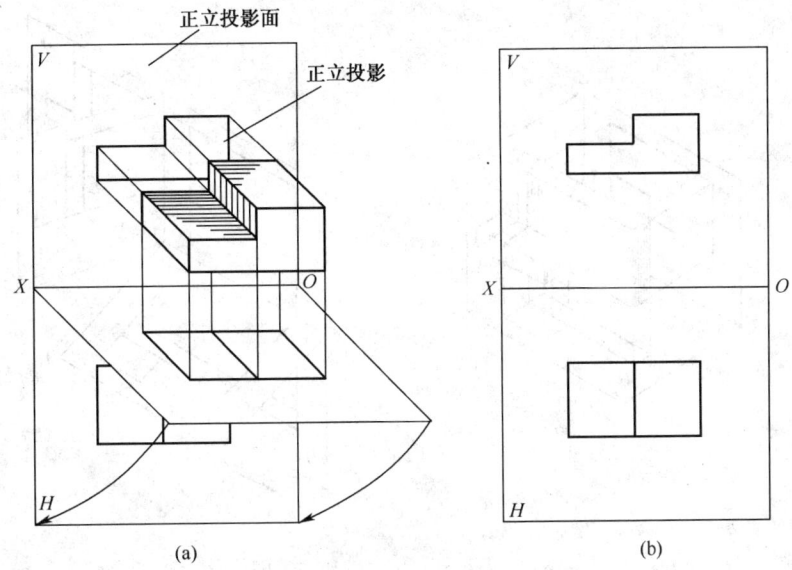

图 1-12 台阶的两面投影

(a)直观图 (b)投影图

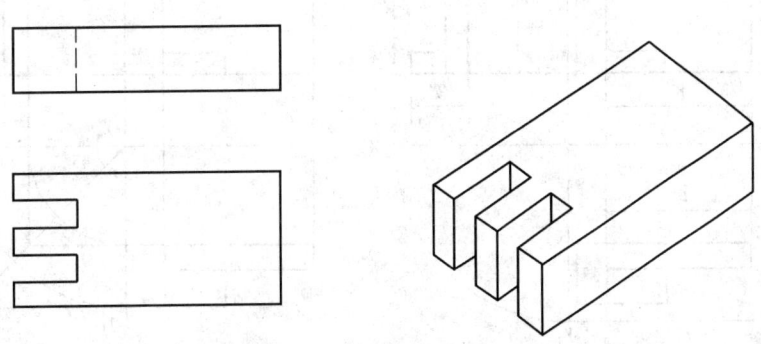

图 1-13 木榫头的两面投影

通过两面投影可以确定简单物体的空间形状和大小,但比较复杂的物体必须作出三面投影才能确定它的形状和尺寸。

三、三面投影

在 V 面与 H 面之侧面增加一个与两者均垂直的 W 面,称为侧立投影面。W 面与 H、V 面的交线分别叫做 Y 轴、Z 轴。三条轴线相交于一点 O,此点叫做原点。在侧立投影面上的投影称为侧面投影或 W 投影。用三组分别垂直 V、H、W 面的平行投影线,对置于三个投影面之间的物体进行投影,则得到物体的三面投影(见图 1-14)。W 投影反映物体的宽和高。

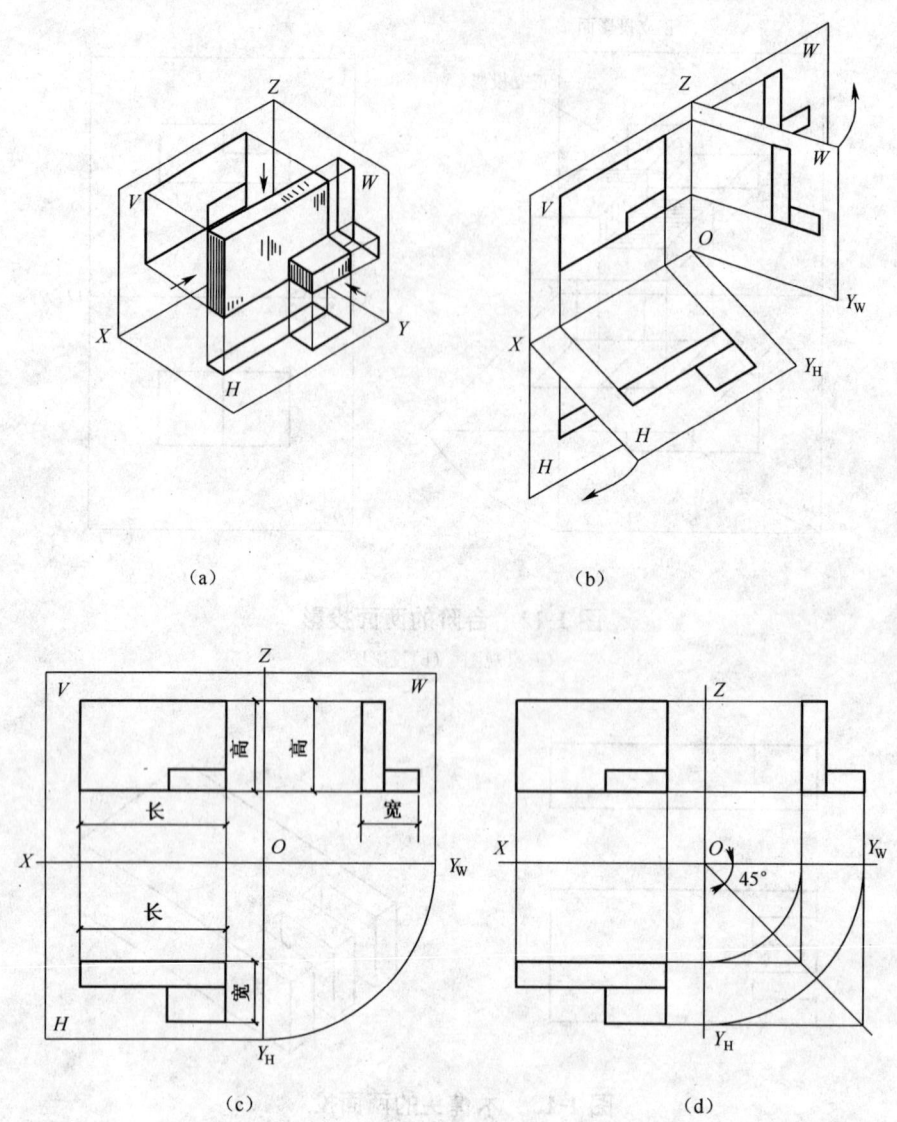

图 1-14 三面投影图的形成

物体的投影过程是在空间进行的,但所画出的投影图应该是在图纸平面上。为达到这一目的,设想将三个投影面及面上的三个投影图展开,使 V 面保持不动,H 面向下转 90°,W 面向右转 90°,这样,三个投影面及投影图就在一个平面上了。

由于每面投影只能反映物体一个面的情况,因此,在看图时,必须将同一物体的每个投影图互相联系起来,才能了解整个物体的形状。图 1-15 和 1-16 分别画出了十个物体的三面投影图和它们的立体图。先看投影图,想一想物体的形状,然后再对照立体图检查是否想得对。

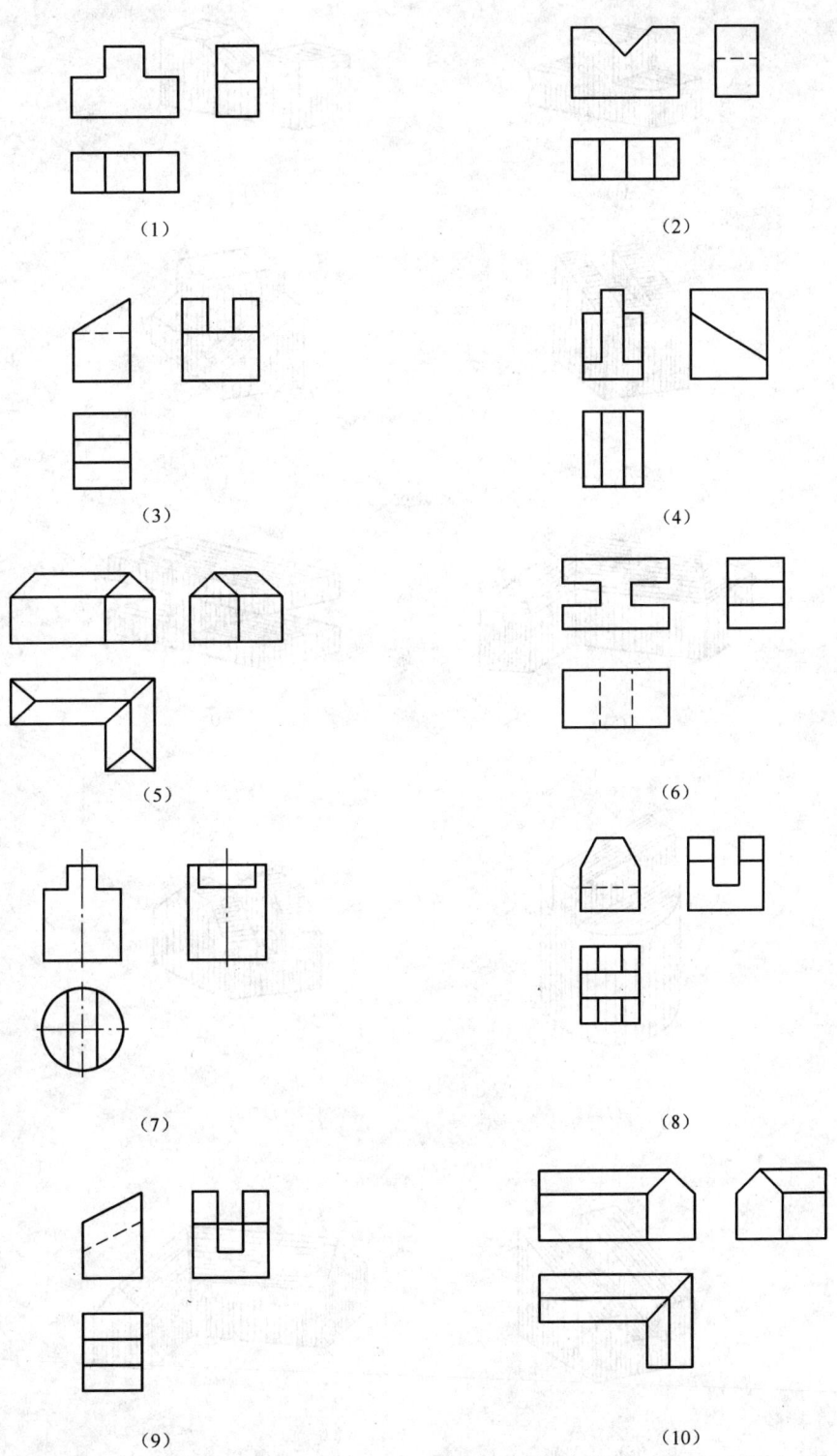

图 1-15　10个物体的三面投影图

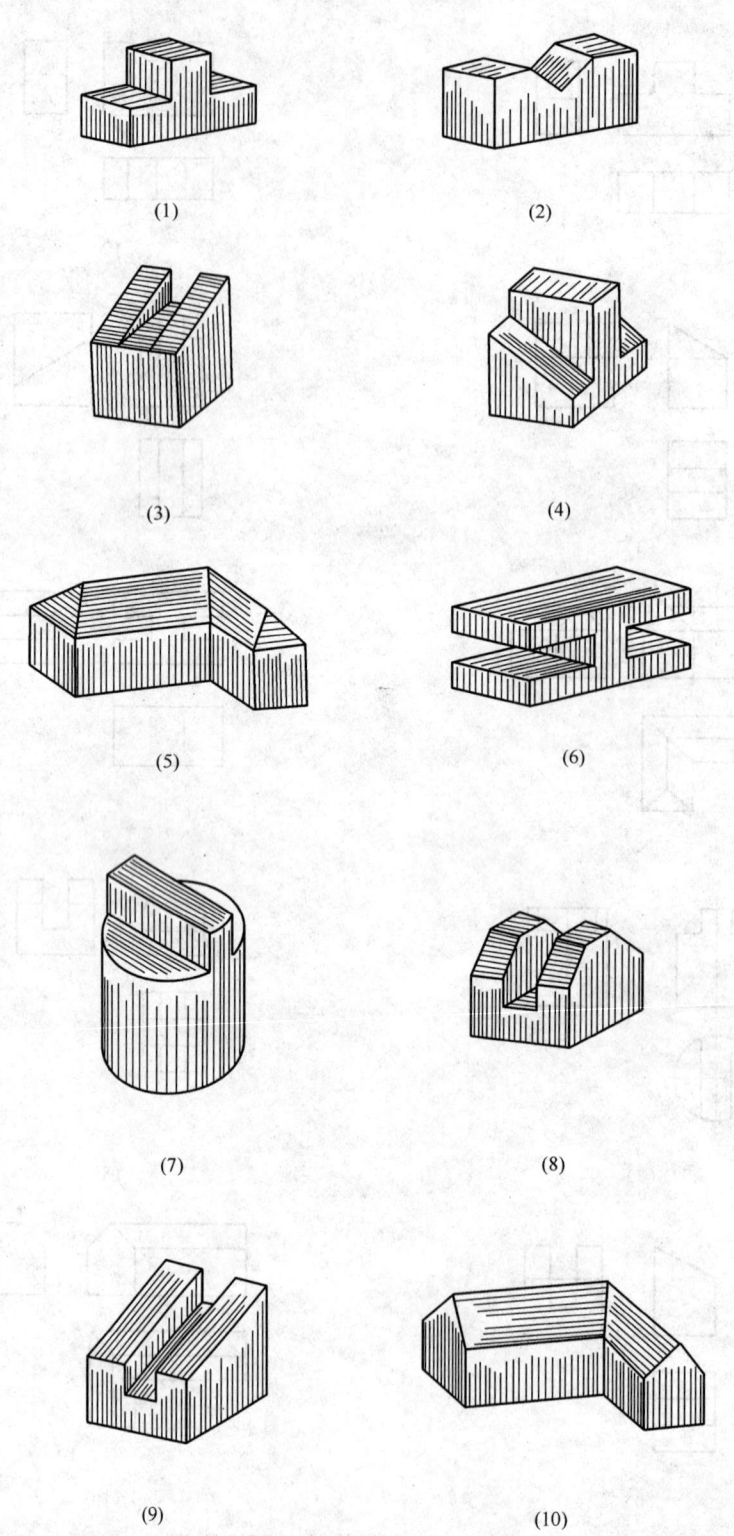

图 1-16　10 个物体的立体图

第三节 剖面图与断面图

剖面图与断面图是在正投影图的基础上所使用的一种新的图示方法,即将物体剖切开,然后再投影,用来表达物体内部构造或断面形状。这种图示方法在建筑图中广泛应用。

应用正投影图可以把物体的外部形状和尺寸表达清楚,而物体内部的不可见部分都用虚线表示。这样,对于内部构造复杂的建筑物,其投影图中就会出现许多虚线,虚、实线交错重叠,使图形既不清晰,也不易标注尺寸,更不便识读。为此,设想将物体剖开,使不可见的部分变为可见。

一、剖面图

（一）剖面图的形成

假设用一个剖切面将物体剖切开,移去剖切面与观察者之间的部分(图1-17a),对剩余部分所作的正投影图叫做剖面图(图1-17b)。

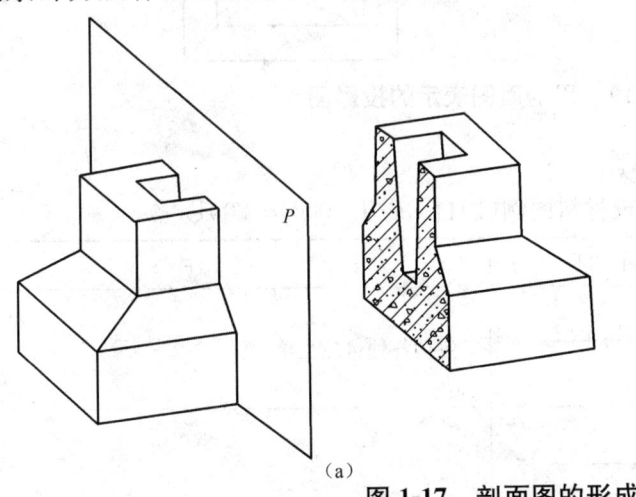

图 1-17 剖面图的形成

（二）剖切符号

剖切符号由剖切位置线、剖视方向线及剖面编号组成(图1-18)。

剖切位置线是表示剖切平面剖切位置的线,如图1-17a中剖切面 P 的位置。

剖视方向线是表示剖切物体后向哪个方向投影,它与剖切位置线相垂直。

剖面编号是剖面图的顺序编号,注写在剖视方

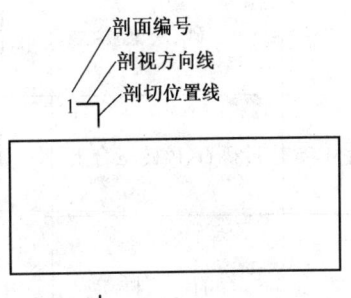

图 1-18 剖切符号

向线的端部。此编号也标注在相应剖面图的下方。

（三）剖面图的表示方法

在剖面图中,与剖切平面相接触的部分,其轮廓线为粗实线,里面填画相应的材料图例；未剖到而只是看到的部分用中实线表示(见图 1-19)。

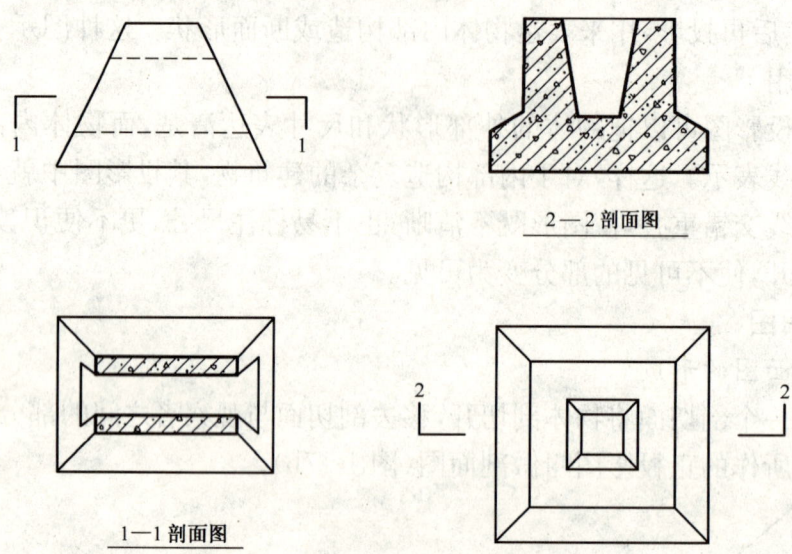

图 1-19 用剖面图表示的投影图

常用建筑材料图例见表 1-1。

表 1-1 常用建筑材料图例(摘自 GB/T 50001—2001)

序号	名　称	图　例	备　注
1	自然土壤		包括各种自然土壤
2	夯实土壤		
3	砂、灰土		靠近轮廓线绘较密的点
4	砂砾石、碎砖三合土		
5	石　材		

续表 1-1

序号	名称	图例	备注
6	毛石	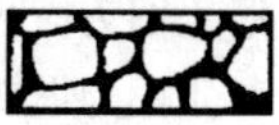	
7	普通砖	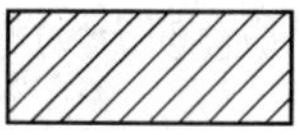	包括实心砖、多孔砖、砌块等砌体。断面较窄不易绘出图例线时,可涂红
8	耐火砖	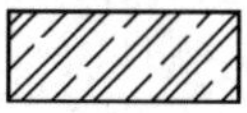	包括耐酸砖等砌体
9	空心砖		指非承重砖砌体
10	饰面砖	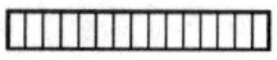	包括铺地砖、马赛克、陶瓷锦砖、人造大理石等
11	焦渣、矿渣	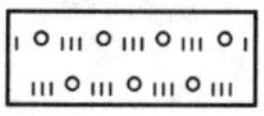	包括与水泥、石灰等混合而成的材料
12	混凝土	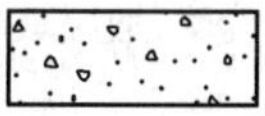	1. 本图例指能承重的混凝土及钢筋混凝土
13	钢筋混凝土	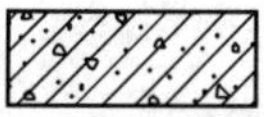	2. 包括各种强度等级、骨料、添加剂的混凝土 3. 在剖面图上画出钢筋时,不画图例线 4. 断面图形小,不易画出图例线时,可涂黑
14	多孔材料	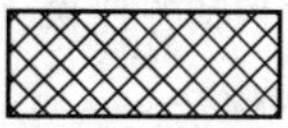	包括水泥珍珠岩、沥青珍珠岩、泡沫混凝土、非承重加气混凝土、软木、蛭石制品等
15	纤维材料	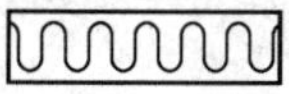	包括矿棉、岩棉、玻璃棉、麻丝、木丝板、纤维板等
16	泡沫塑料材料	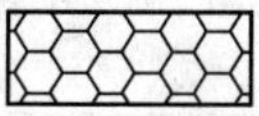	包括聚苯乙烯、聚乙烯、聚氨酯等多孔聚合物类材料

续表 1-1

序号	名称	图例	备注
17	木材		1. 上图为横断面,上左图为垫木、木砖或木龙骨 2. 下图为纵断面
18	胶合板	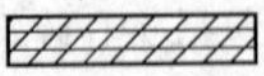	应注明为×层胶合板
19	石膏板	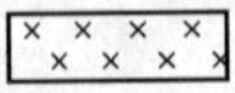	包括圆孔、方孔石膏板、防水石膏板等
20	金属		1. 包括各种金属 2. 图形小时,可涂黑
21	网状材料		1. 包括金属、塑料网状材料 2. 应注明具体材料名称
22	液体	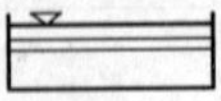	应注明具体液体名称
23	玻璃		包括平板玻璃、磨砂玻璃、夹丝玻璃、钢化玻璃、中空玻璃、加层玻璃、镀膜玻璃等
24	橡胶	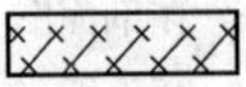	
25	塑料		包括各种软、硬塑料及有机玻璃等
26	防水材料	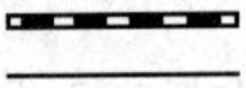	构造层次多或比例大时,采用上面图例
27	粉刷		本图例采用较稀的点

注:序号 1、2、5、7、8、13、14、16、17、18、19、20、24、25 图例中的斜线、短斜线、交叉斜线等一律为 45°。

(四)剖面图的种类

1. 全剖面图。用一个剖切平面将形体全部剖开,所得到的剖面图称为全剖面图。如图1-19中的1—1和2—2剖面图就是全剖面图,图1-20b所示的平面图也是全剖面图,图1-20a为该平面图的形成示意图。

2. 阶梯剖面图。用两个或两个以上相互平行的剖切平面将物体剖切,所得到的剖面图称为阶梯剖面图。图1-20b所示的平面图中画了阶梯剖面图1—1的剖切符号,表示剖切位置和投影方向,图1-20c为阶梯剖面图的形成示意图,1—1剖面图为阶梯剖面图。

3. 半剖面图。当物体的投影图和剖面图都是对称的图形时,可采用半投影图半剖面图的表示方法,用对称轴线作为分界线(见图1-21,正、侧视图均半剖)。

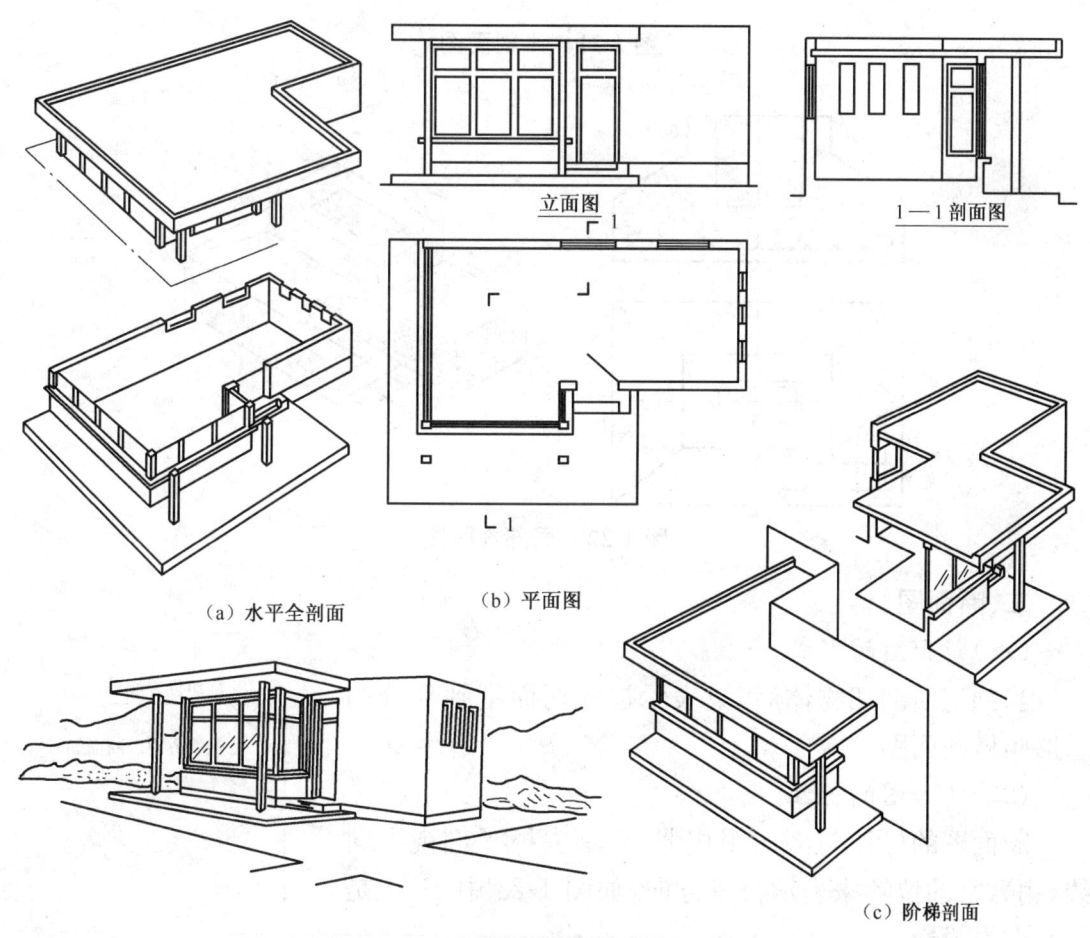

图1-20 房屋剖面图

4. 局部剖面图。当物体外形复杂或不便作全剖面图时,可保留投影图的大部分,只将物体的局部画成剖面图。局部剖面图采用波浪线分界(见图1-22)。

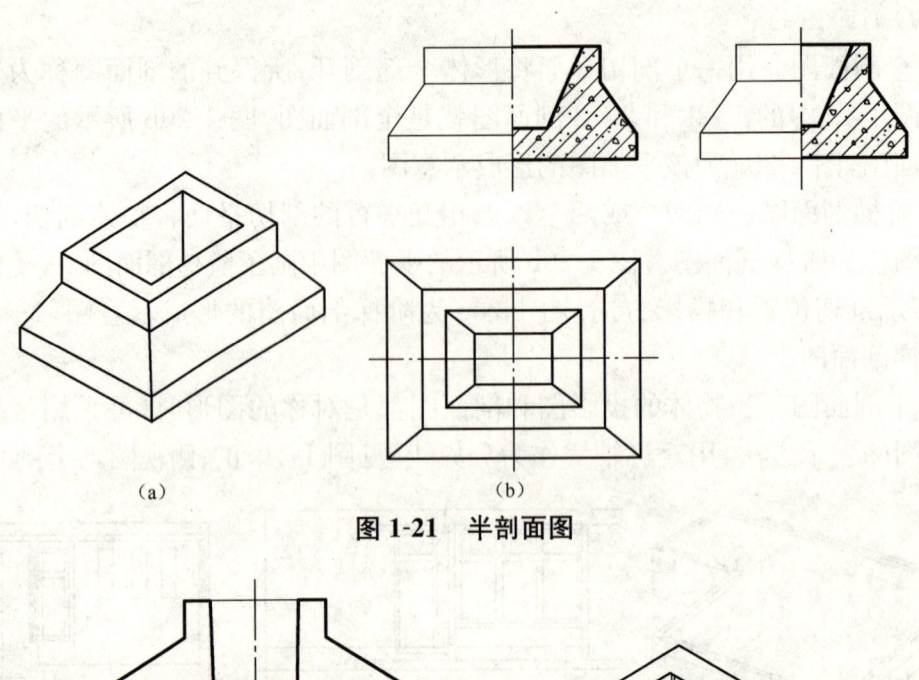

图 1-21 半剖面图

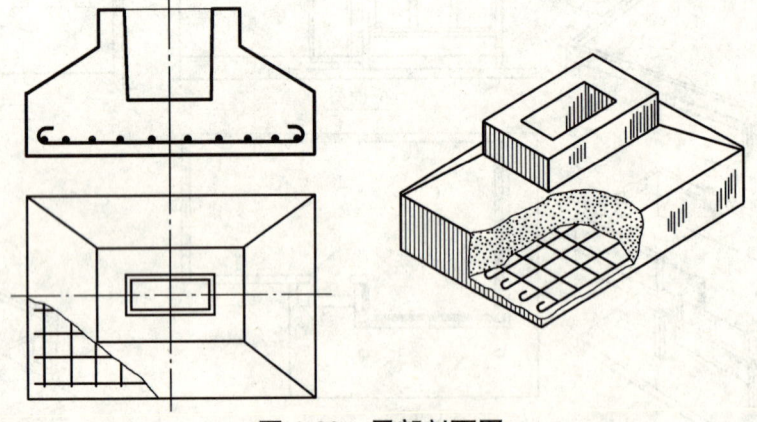

图 1-22 局部剖面图

二、断面图

(一)断面图的形成

当剖切面剖切物体后,只表示被剖切面剖到部分的图形叫做断面图。

(二)断面图的标注

断面图的标注与剖面图相似,只是去掉了剖视方向线,用数字的位置来表示投影方向,如图 1-23 中 1—1 是表示向右投影。

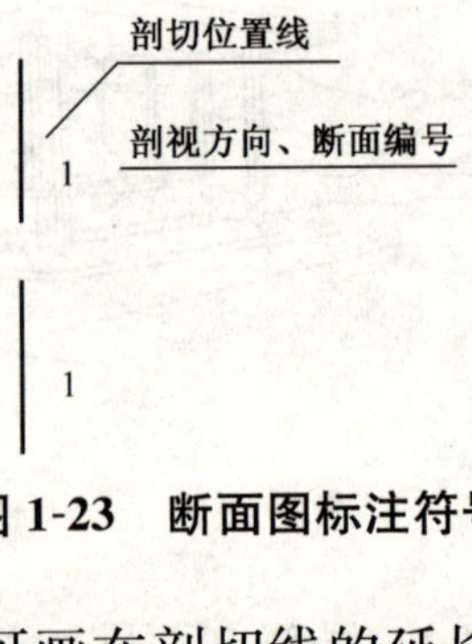

图 1-23 断面图标注符号

(三)断面图的种类

1. 移出断面。它是把断面图画在投影图之外,其位置可画在剖切线的延长线上,如图 1-24 中的 1—1 断面图;也可将断面图布置在图纸上的任意位置,但必须在剖切线处和断面图下方加注相同的编号,如图 1-24 中 2—2 断面图。

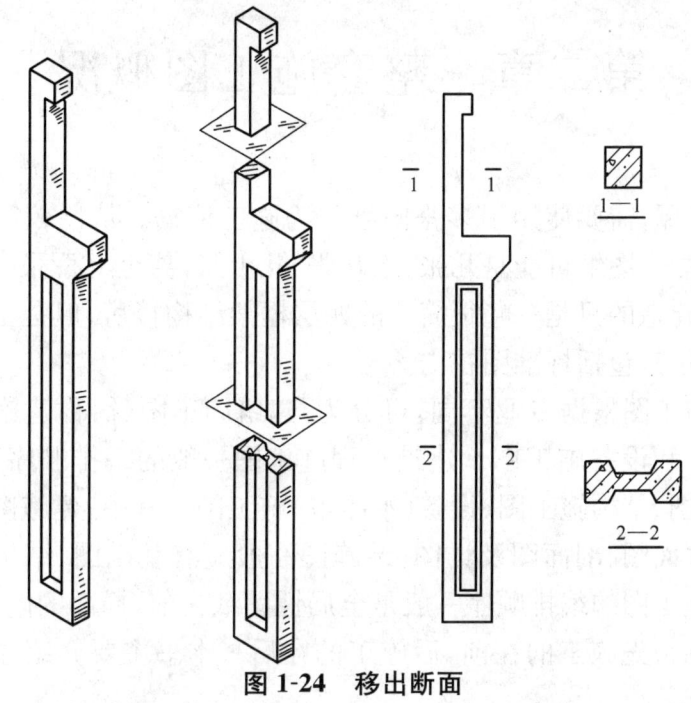

图 1-24 移出断面

2. 重合断面图。将剖切而得到的断面图画在剖切处与投影图重合,即为重合断面图。重合断面图不必标注剖切位置线及编号(见图 1-25)。

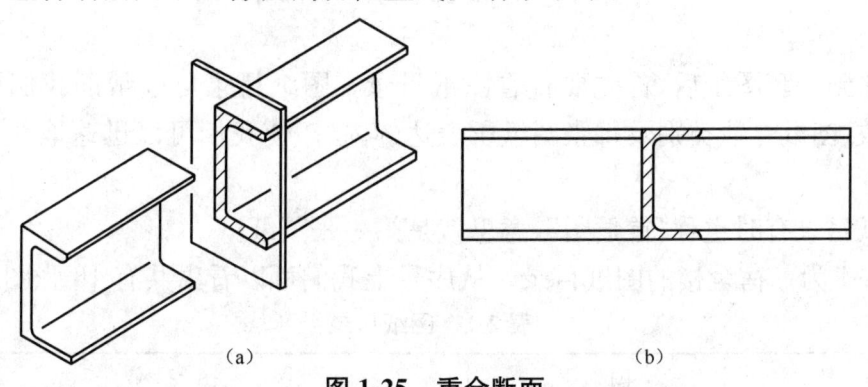

(a) (b)

图 1-25 重合断面

3. 中断断面图。假想把物体断裂开,而把断面图画在中断处。这时不必标注剖切位置线及编号(见图 1-26)。

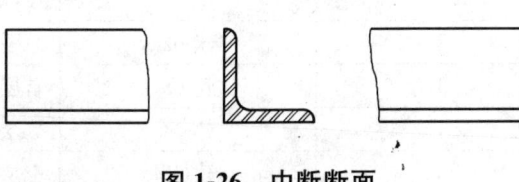

图 1-26 中断断面

重合断面图和中断断面图适用于简单的截面形状,并且都省去了标注符号,更便于查阅图纸。

第二章　整套施工图概况

建造一幢房屋,需要使用很多张图纸作为施工依据。从比较简单的居住建筑到复杂的公共建筑,图纸可能是几张、十几张、几十张,甚至上百张。例如本书正文中的插图,虽然建造的只是一幢很简单的四层框架结构楼房,但是土建施工图就近二十张,而且还没有包括标准图在内。

房屋建筑施工图根据专业不同,可分为:建筑施工图(简称建施图)、结构施工图(简称结施图)和设备施工图。建筑工程施工图一般的编排顺序是图纸目录、总说明、建筑施工图、结构施工图、设备(水暖电)施工图。其中,建施图一般应有总平面图、平面图、立面图、剖面图及详图;结施图一般应有基础图、结构平面图及构件详图。各专业施工图的编排顺序一般是全局性图纸在前,局部的图纸在后;重要的在前,次要的在后;先施工的在前,后施工的在后。本书主要介绍建筑施工图和结构施工图的识读。

第一节　图纸目录

当拿到一套图纸后,首先要查看图纸目录。图纸目录可以帮助我们了解图纸的总张数、图纸专业类别及每张图纸所表达的内容,使我们可以迅速地找到所需要的图纸。

图纸目录有时也称"首页图",意思就是第一张图纸。

表2-1为一宿舍楼的图纸目录。从序号上我们可以看出共有18张图纸。

表2-1　图纸目录

序号	图号	图名
1	建-01	设计说明　材料做法表　门窗表
2	建-02	总平面图
3	建-03	首层平面图
4	建-04	二层平面图
5	建-05	三层平面图
6	建-06	局部四层平面　屋顶平面
7	建-07	南立面

续表 2-1

序号	图号	图 名
8	建-08	北立面
9	建-09	1—1 剖面图
10	建-10	外墙详图
11	建-11	楼梯图
12	结-01	结构设计说明
13	结-02	基础配筋图
14	结-03	柱配筋图
15	结-04	一、二、三层梁配筋图
16	结-05	一、二、三层顶板配筋图
17	结-06	楼梯结构图
18	结-07	局部四层梁板配筋图及详图

每一项工程总会有许多张图纸，在同一张图纸上往往画有几个图形，设计人员为了表达清楚，便于使用时查阅，就必须针对每张图纸所表示的建筑物的部位，给图纸起一个名称，另外再用数字编号，确定图纸的次序。例如"建-01"，其中，"建"字表示图纸种类为建筑施工图，"01"表示为建筑施工图的第一张；在图名相应的行中，可以看到"设计说明、门窗表、材料做法表"，也就是图纸表达的内容。图号"结-01"，其中，"结"字表示图纸种类为结构施工图，"01"表示为结构施工图的第一张；在图名相应的行中，表示图纸的内容为结构设计说明。

该套图纸共有建筑施工图 11 张，结构施工图 7 张。

目前，图纸目录的形式由各设计单位自己规定，尚没有统一的格式。但总体上包括上述内容。

第二节 标题栏与索引符号和详图符号

一、标题栏

当找到所需要的图纸后，应首先查看标题栏（简称图标），核对一下是不是所需要的图纸。一般标题栏位于图纸的右下角边框内，内容一般包括设计单位名称、工程名称、图名、图号、各级设计人员签字栏五部分。其格式如图 2-1 所示。涉外工程图标内，各项主要内容的中文下方应附有译文，设计单位名称前加有"中华人民共和国"字样。有了标题栏，检查和翻阅图纸、了解设计负责人等就有了依据。

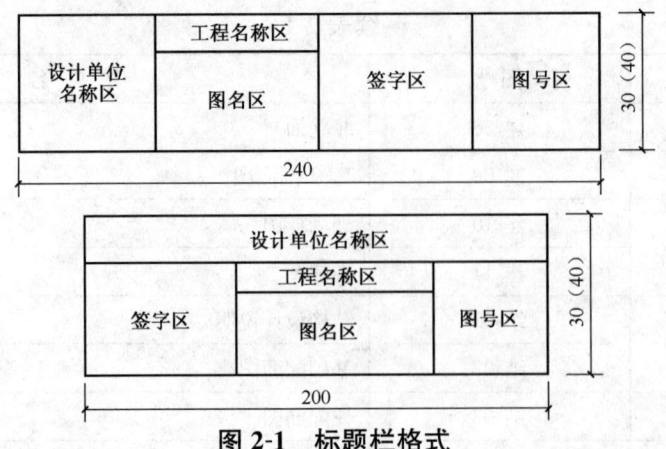

图 2-1 标题栏格式

二、索引符号及详图符号

学会索引符号及详图符号的使用,是正确查阅图纸、明确前后图关系的重要一步。在工程图纸中,经常有这样一种情况:一个图样无法清楚地表达出某一个构件的局部结构,需另见详图。为了使详图与有关图相互呼应、查对方便,则在有关图上使用索引符号,详图上使用详图符号。索引符号及详图符号有以下几种配套使用方法:

当详图与有关图在同一张图纸上时,索引符号和详图符号的表示方法如图 2-2 所示。索引符号的圆及其直径均用细实线绘制,圆直径为 10mm。详图符号用粗实线绘制,圆直径为 14mm。

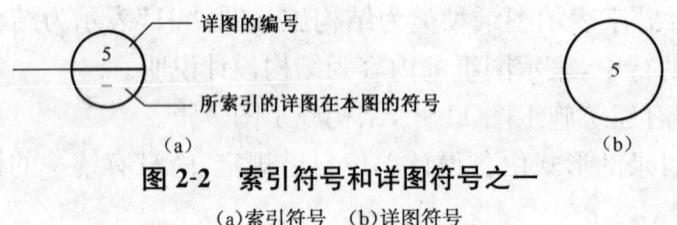

图 2-2 索引符号和详图符号之一
(a)索引符号 (b)详图符号

当详图与有关图不在同一张图纸上时,索引符号和详图符号的表示方法如图 2-3 所示。

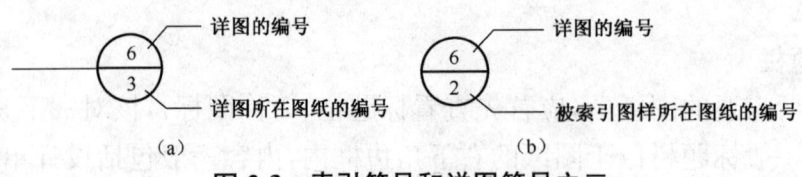

图 2-3 索引符号和详图符号之二
(a)索引符号 (b)详图符号

当详图采用标准图时,索引符号的表示方法如图 2-4 所示。

该索引符号表示有关图某处的详细做法见编号为08BT1-1的标准图册第92页编号为3的详图。

当详图为剖面详图时,在引出线的一端加一短粗线(即剖切位置线),表示剖切平面的位置。引出线所在的一侧,表示剖视方向(见图2-5)。

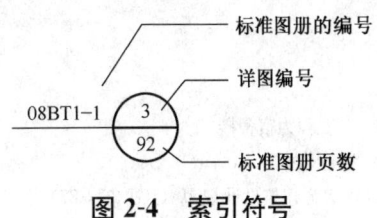

图 2-4 索引符号

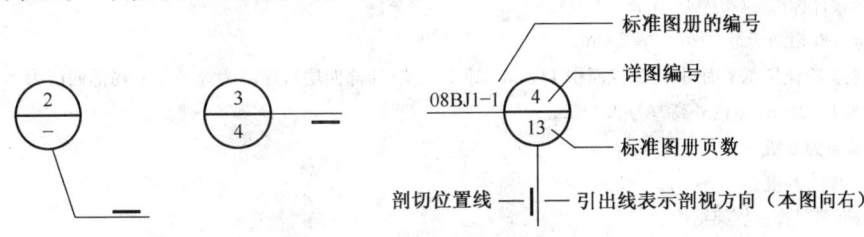

图 2-5 剖面详图的索引符号

第三节 识图注意事项

一、看图必须由大到小、由粗到细

看建筑施工图时,应先看总平面图和平面图,并且要和立面图、剖面图结合起来看,然后再看详图。

二、仔细阅读说明或附注

凡是图样上无法表示而又直接与工程质量有关的一些要求,往往在图纸上用文字说明表达出来。这些都是非看不可的,它会告诉我们很多情况。图2-6为××宿舍楼的建筑设计说明,图纸名称为建-01。设计说明中,说明工程的结构形式为钢筋混凝土框架结构,以及设计依据、内外墙的材料及装修做法等。说明中,有些内容在图样上无法表示,但又是施工人员必须掌握的。因此,必须认真阅读文字说明。

三、牢记常用符号和图例

为了方便,有时也是为了清楚起见,图样中很多内容用符号和图例表示,一般常用的符号必须牢记。因为这些符号已成为设计人员和施工人员的共同语言。对于不常用的符号,有时在图纸上附有解释,可以在看图前先行查看。

四、注意尺寸单位

图样上的尺寸单位有两种,标高和总平面图以"米"为单位,其余以"毫米"为单位。图样中尺寸数字后面一律不注写单位。

五、不要随意修改图纸

如对设计图有修改意见或其他合理性建议,应向有关人员提出,并与设计单位协商解决。

建筑设计说明

1. 本工程为宿舍楼。
2. 设计依据:
   (1)《宿舍建筑设计规范》(JGJ 36—87)。
   (2)《建筑设计防火规范》(GB 50016—2006)。
   (3)《建筑节能设计标准》(GBJ 11—602—2006)。
3. 本工程±0.000相当于绝对标高27.380m。
4. 本工程所在位置详见总平面图,总建筑面积1176m²,地上三层(局部四层),层高为3.900m(局部四层为3.000m),建筑总高度为16.050m,室内外高差为0.450m。
5. 建筑耐火等级为二级。
6. 抗震设计烈度为八度。
7. 结构形式:钢筋混凝土框架结构。
8. 新技术应用:
   (1)卫生间冲水马桶水箱选用节水型水箱(A区)。
   (2)楼梯间、走廊照明开关采用节能开关。
9. 本设计图中,除总图和标高以m为单位外,其他尺寸均以mm为单位。
10. 外墙为300厚加气混凝土墙,外喷仿石涂料(08BJ1-1外墙8D),内墙为200和100厚DQC板。
    内外墙±0.000下60处均做防潮层(20厚1:2.5水泥砂浆,内掺5%防水剂)。
11. 所有配电箱设置处开通墙体后,背后均做钢板网抹灰,钢板网四周尺寸要大于洞口100mm。
12. 门窗立樘除推拉门另见详图外,其余均在墙中立樘。所有外门窗均采用氧化铝合金门窗,采用低反射玻璃和美术磨石窗台板。盥洗间、卫生间、浴室、更衣室窗玻璃采用磨砂玻璃。内门等木制品均刮腻子,刷底油,刷灰白色调和漆二道。所有金属构件露明部分(铝合金和不锈钢除外)均除锈,锉平,刷防锈漆一遍,找腻子,刷调和漆二道,除雨水管颜色同立面颜色外,均为浅灰色。
13. 所有门窗洞口和内墙阳角均做1:2水泥砂浆暗抱角,高2000,每边宽50,然后再饰面。
14. 管道穿楼面或屋面,均应预埋套管,出地面30,油膏嵌缝。
15. 浴室、卫生间穿管及楼地面与墙转角处均附加300宽一布二涂卷起泛水高150。
16. 内装修详见《材料做法表》,全部房间和走廊铺地砖。楼梯踏步采用预制水磨石板(彩磨),扶手使用不锈钢管。檐口装饰块按照立面图示位置留预埋件。
    凡工程中所用内外装修材料,施工单位应在征得建设单位和设计单位的同意之后,方可订货。所用材料及产品应具有经国家有关部门鉴定的"合格证",以保证工程质量。所用饰面材料颜色均由施工单位做样板,由设计单位及建设单位共同商定。
17. 本图在施工时应与其他专业工种密切配合(如灯具安装需与装修配合),且在施工时应严格按照国家和地方有关施工及验收规范、规定施工。

图 2-6 建

材料做法表(选自 08BJ1-1)

房间名称	地面	楼面	内墙面	踢脚	顶棚	备注
宿舍	地12	楼12A-1	内墙3D1	踢3D	棚2C	
卫生间、盥洗室、浴室	地12F-2	楼12F-1	内墙10DF1		棚7A	吊顶底距地2900
楼梯		楼11A	内墙3D1	踢3D	棚2C	
走廊	地12	楼12F-1	内墙3D1	踢3D	棚7A	吊顶底距地2900

门 窗 表

类别	序号	设计编号	洞口尺寸 宽	洞口尺寸 高	数量	索引图集
木门	1	1021M1	1000	2700	24	88J13-3
木门	2	0921M3	900	2100	5	88J13-3
木门	3	1227M7	1200	2700	3	88J13-3
木门	4	1221M5	1200	2100	2	88J13-3
塑钢窗	5	2121TC7	2100	2100	30	88J13-1
防火门	6	1021GF1	1000	2100	1	09BJ13-4

××建筑设计事务所		工程名称	××××公司宿舍楼	图号	建-01
				比例	
设计	×××	图名	设计说明、材料做法表 门窗表	工程号	200906
审核	×××			日期	2009.1

筑设计说明

第三章 建筑总平面图

对于任何一幢将要建造的房屋,首先要说明该房屋建造在什么地方,周围的环境和原有的建筑物的情况怎样,哪些地方将要绿化,将来还要不要在附近建造其他房屋,该地区的风向和房屋朝向如何。这些问题都必须事先加以考虑。用来说明这些问题的图,叫做总平面图。

第一节 比例、标高与总平面图图例

一、比例

不论是一幢大的还是小的房屋,要在图纸上画出与实物同样大小的图样是办不到的,而需要将物体按一定的比例缩小后表示出来。物体在图纸上的大小与实际大小相比的关系叫做比例,一般注写在图名一侧,例如首层平面图 1:100,即表示将物体线性尺寸缩小到 1/100。当整张图纸只用一种比例时,也可以将比例注写在标题栏内。必须注意的是,图纸上所注的尺寸是按物体实际长度注写的,与比例无关。因此,读图时,物体的大小以所注的数字为准,不能用比例尺在图上量取。

图样比例的大小视图样的用途和复杂程度而定。各类图纸常用比例见表 3-1。

表 3-1 图纸常用比例

图 名	常用比例
总平面图	1:500、1:1000、1:2000
平面图、立面图、剖面图、结构布置图、设备布置图	1:50、1:100、1:150、1:200、1:300
内容比较简单的平面图	1:10、1:20、1:25、1:30、1:50
详 图	1:1、1:2、1:5、1:10、1:20、1:25、1:30、1:50

二、标高

建筑物某一部位与确定的水准基点之间的高差称为该部位的标高。在施工图中,建筑物的地面及主要部位的高度用标高表示。标高符号有以下几种形式(见图3-1)。标高以米(m)为单位,注写到小数点后三位数字;在总平面图中,可注至小数点后两位数字。

(一)标高的种类

标高分为绝对标高和相对标高两种:

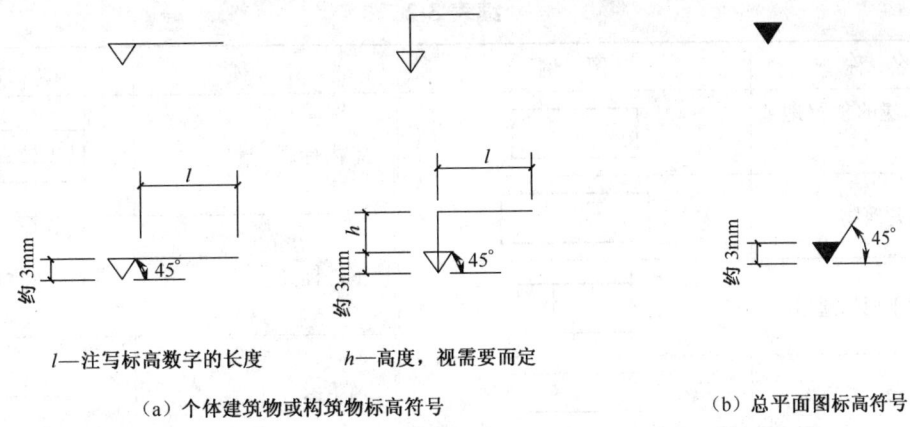

l—注写标高数字的长度　　　　　h—高度，视需要而定

(a) 个体建筑物或构筑物标高符号　　　(b) 总平面图标高符号

图 3-1　标高符号及画法

1. 绝对标高。我国把山东省青岛附近的黄海平均海平面定为绝对标高的零点，其他各地标高均以此为基准。如北京地区的绝对标高为 50m 左右。

2. 相对标高。一套施工图需注明许多标高，如果都用绝对标高，数字就很繁琐，所以一般都用相对标高，通常把房屋首层室内主要地面定为相对标高的零点，写作"±0.000"，读作正负零点零零零，简称正负零。高于它的为正，但一般不注"+"符号；低于它的为"负"，必须注明符号"－"。

(二) 有关标注：

1. 标高符号的尖端应指至被注高度的位置。尖端一般应向下，也可向上。标高数字应注写在标高符号的上侧或下侧 (图 3-2)。

2. 在图样的同一位置需表示几个不同标高时，标高数字可按图 3-3 的形式注明。

图 3-2　标高的指向　　　　图 3-3　同一位置注写多个标高数字

三、图例

在总平面图中，所表达的许多内容都用图例表示。在识读总平面图之前，应先熟悉这些图例。常见的总平面图图例，见表 3-2。

表 3-2　常见总平面图图例(摘自 GB/T 50103—2001)

名　称	图　例	名　称	图　例
新建建筑物 (可用▲表示出入口，可在图形内右上角用点数或数字表示层数)	8	原有建筑物	

续表 3-2

名 称	图 例	名 称	图 例
计划扩建的预留地或建筑物		室内标高	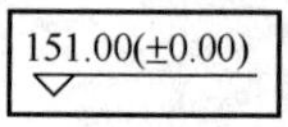 151.00(±0.00)
拆除的建筑物	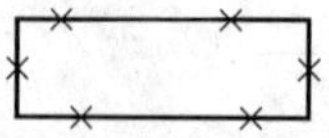	室外标高	●143.00 ▼143.00
建筑物下面的通道			
原有道路		挡土墙	
计划扩建的道路			
拆除的道路		挡土墙上设围墙	
新建的道路	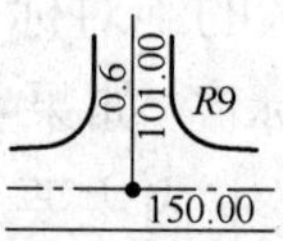 R9 101.00 150.00	台阶	
城市型道路断面（上图为双坡,下图为单坡）	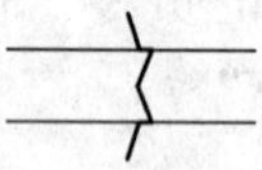 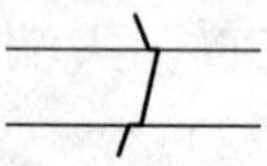	围墙及大门	

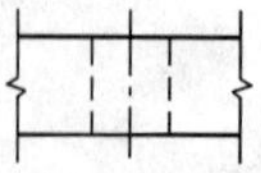

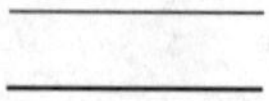

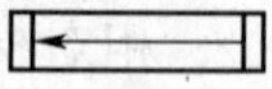

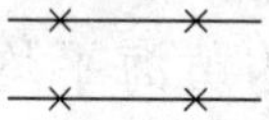

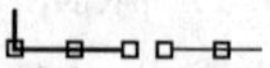

第二节　建筑总平面图的识读

一、总平面图的内容及识读方法

(一)看图名、比例及有关文字说明

总平面图因包括的地区范围较大,所以,绘制时都采用较小比例,如 1∶500、1∶1000、1∶2000 等。

(二)了解新建工程的总体情况

了解新建工程的性质与总体布置;了解建筑物所在区域的大小和边界;了解各建筑物和构筑物的位置及层数;了解道路、场地和绿化等布置情况。

(三)明确工程具体位置

明确新建工程或扩建工程的具体位置。新建房屋的定位方法有两种,一种是参照物法,即根据已有房屋或道路定位;另一种是坐标定位法,即在地形图上绘制测量坐标网。标注房屋墙角坐标的方法,如图3-4所示。

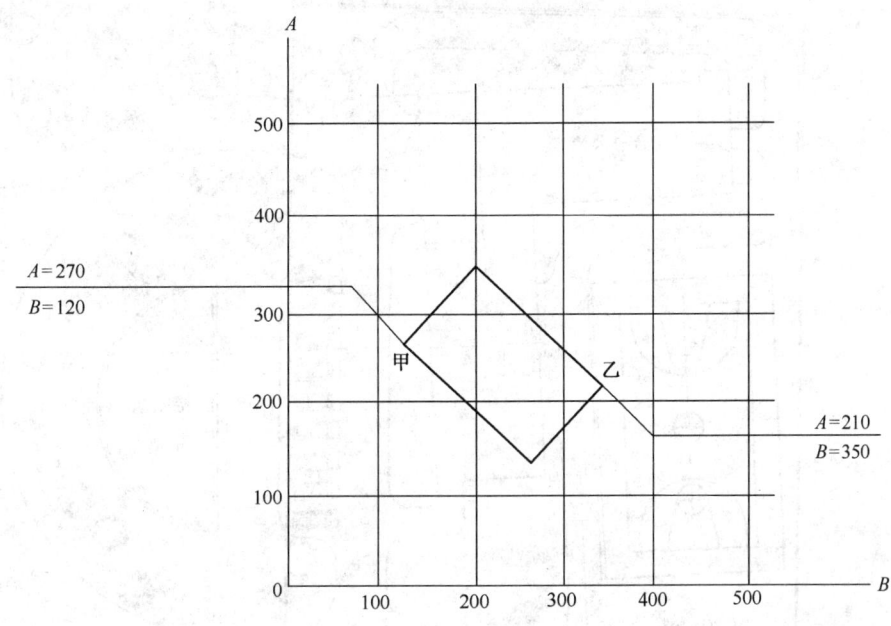

图3-4 建筑物坐标示意图

（四）看新建房屋的标高

看新建房屋首层室内地面和室外整平地面的绝对标高,可知室内外地面的高差以及正负零与绝对标高的关系。

（五）明确新建房屋的朝向

看总平面图中的指北针和风向频率玫瑰图可明确新建房屋的朝向和该地区的常年风向频率。有些图纸上只画出单独的指北针。

二、识读实例

图3-5是宿舍楼的总平面图,图纸编号为建-02,比例为1:500。图中粗实线所示图样为新建宿舍楼,一字形,总长为42.8m,总宽为8.2m,中间部分为三层,两端为四层。

——室外地坪绝对标高为26.93m,室内相对标高正负零的绝对标高为27.38m,室内外高差为0.45m。

——从指北针的方向可知,宿舍楼的出入口在北立面。

——新建宿舍楼采用坐标定位,分别给出三个角的坐标。

——新建宿舍楼的北侧有办公楼、篮球场等。

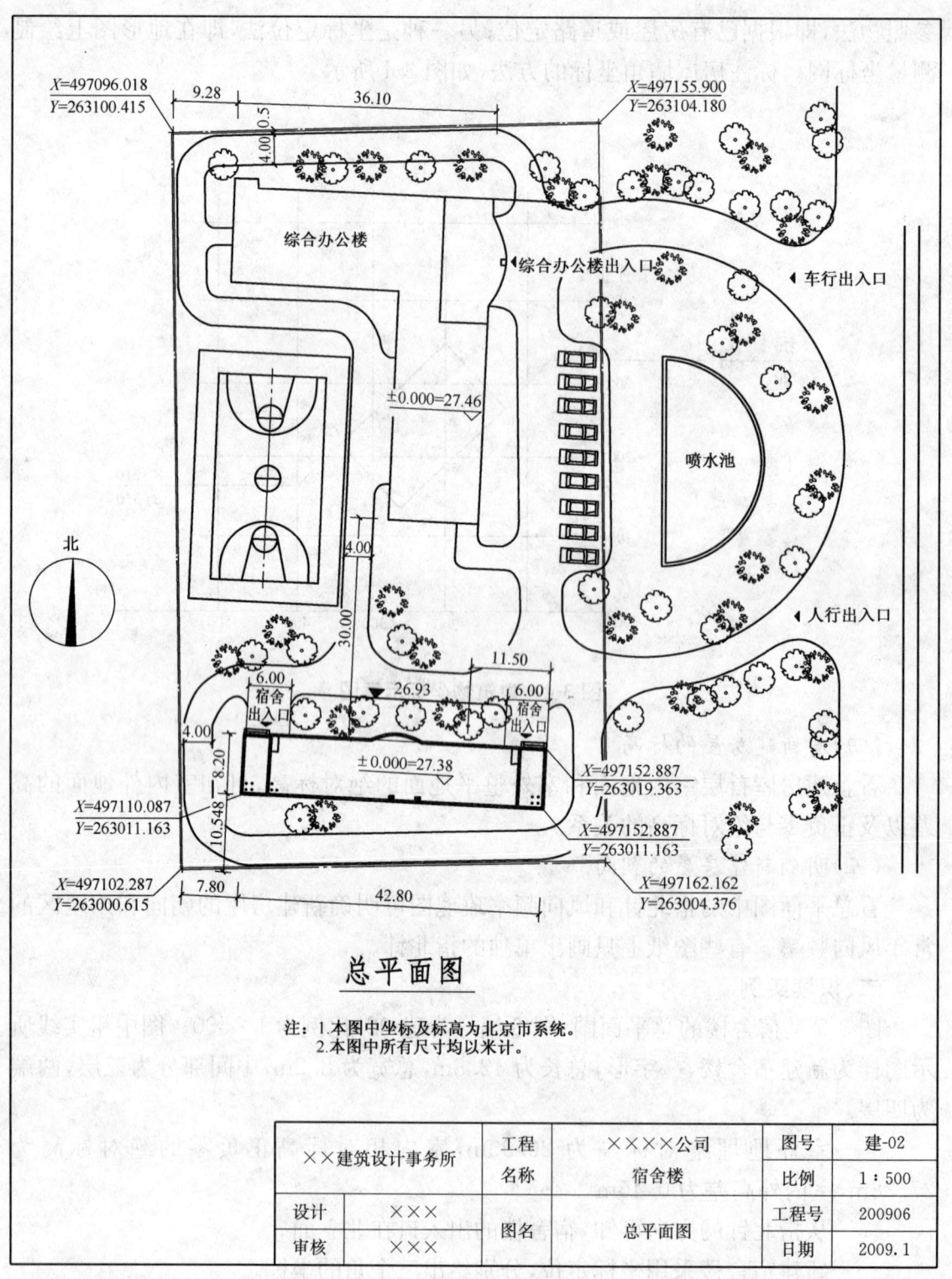

图 3-5 宿舍楼总平面图

第四章 建筑平面图

第一节 建筑平面图的形成与数量

建筑平面图简称平面图,是建筑施工图中重要的基本图。在施工过程中,可作为放线、砌筑墙体、安装门窗、室内装修、施工备料及编制预算的依据。

一、建筑平面图的形成

建筑平面图实际上是水平剖面图。假设用一水平的剖切平面,沿着房屋门窗洞的位置将房屋剖切开(见图 4-1a),移去上面部分(见图 4-1b),对剖切面以下部分所作出的水平投影图,即是建筑平面图(见图 4-1c)。这样就可以看清房间的相对位置,以及门窗洞口、楼梯、走道的布置和墙体厚度等。

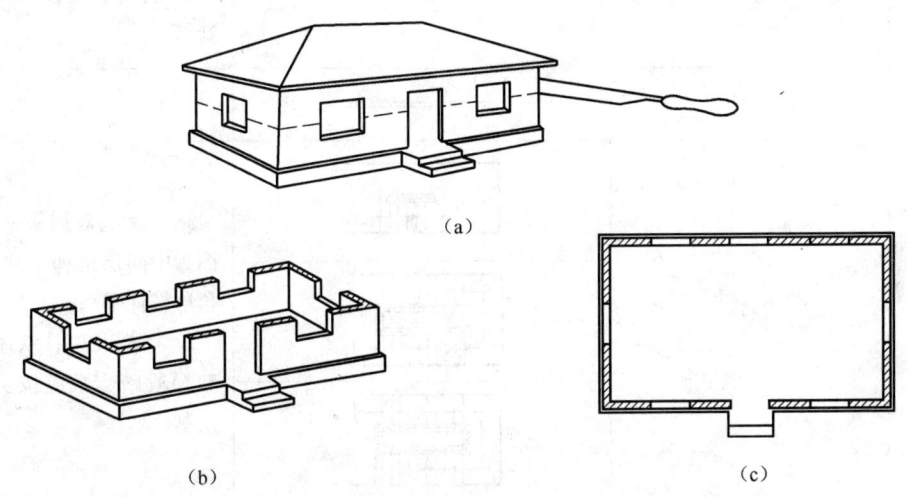

图 4-1 建筑平面图的形成
(a)假定沿水平方向剖切 (b)切开后移去上面部分 (c)相应的平面图

二、平面图的数量

一般房屋每层有一张平面图,三层的建筑物就有三张,并在图的下面注明相应的图名,如首层平面图、二层平面图等。如果其中有几层的房间布置、大小等条件完全相同,也可用一张图来表示;如果建筑平面图左右对称,也可将两层平面图画在同一个平面图上,左边为一层平面图,右边为另一层平面图,中间用一个对称符号分界。

第二节 建筑平面图的有关图例与规定

一、平面图的有关图例

建筑平面图中常见图例,见表4-1。

表4-1 构造及配件图例(摘自GB/T 50104—2001)

序号	名 称	图 例	说 明
1	墙体	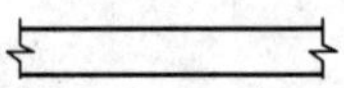	应加注文字或填充图例表示墙体材料,在项目设计图纸说明中列材料图例表给予说明
2	隔断		1. 包括板条抹灰、木制、石膏板、金属材料等隔断 2. 适用于到顶与不到顶隔断
3	栏杆		
4	楼梯	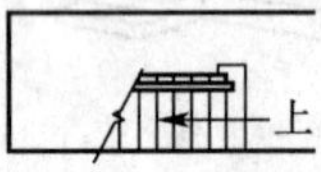 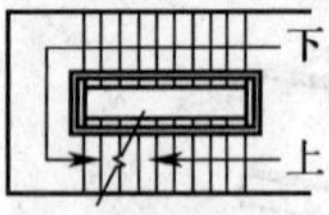 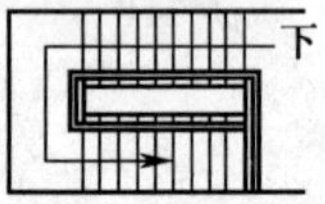	1. 上图为底层楼梯平面,中图为中间层楼梯平面,下图为顶层楼梯平面 2. 楼梯及栏杆扶手的形式和梯段踏步数应按实际情况绘制
5	坡道	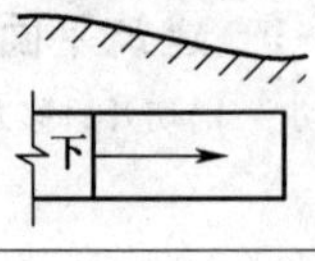 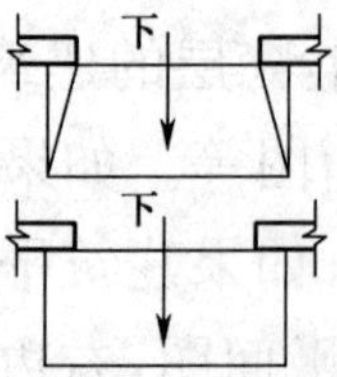	上图为长坡道,下图为门口坡道

续表 4-1

序号	名称	图例	说明
6	平面高差	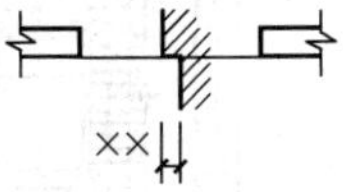	适用于高差小于 100 的两个地面或楼面相接处
7	检查孔		左图为可见检查孔 右图为不可见检查孔
8	孔洞		阴影部分可以涂色代替
9	坑槽		
10	墙预留洞	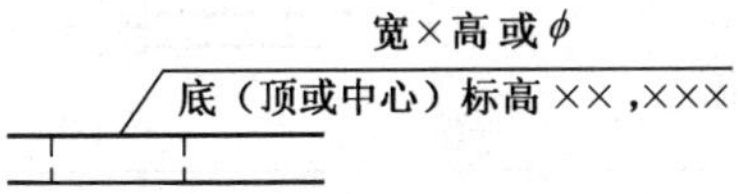 宽×高或 ϕ 底（顶或中心）标高 ××,×××	1. 以洞中心或洞边定位 2. 宜以涂色区别墙体和留洞位置
11	墙预留槽	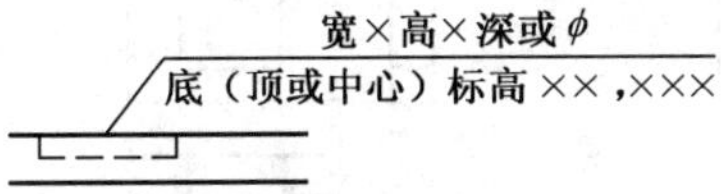 宽×高×深或 ϕ 底（顶或中心）标高 ××,×××	
12	烟道	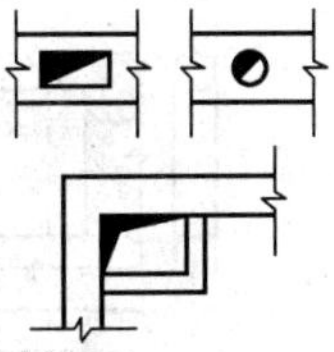	1. 阴影部分可以涂色代替 2. 烟道与墙体为同一材料,其相接处墙身线应断开
13	通风道	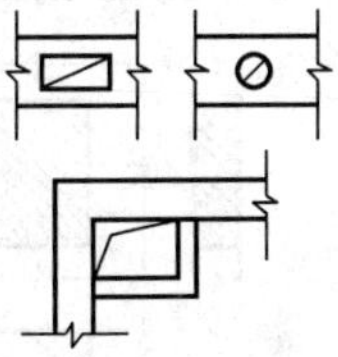	

续表 4-1

序号	名 称	图 例	说 明
14	新建的墙和窗	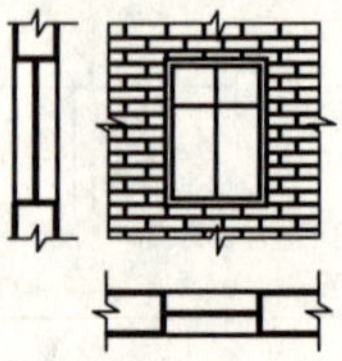	1. 本图以小型砌块为图例，绘图时应按所用材料的图例绘制，不易以图例绘制的，可在墙面上以文字或代号注明 2. 小比例绘图时平、剖面窗线可用单粗实线表示
15	改建时保留的原有墙和窗	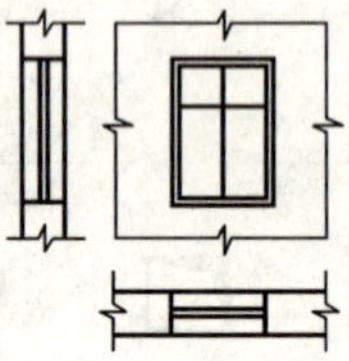	
16	应拆除的墙	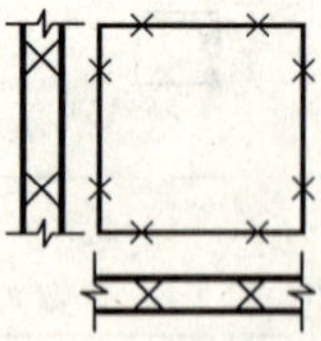	
17	在原有墙或楼板上新开的洞	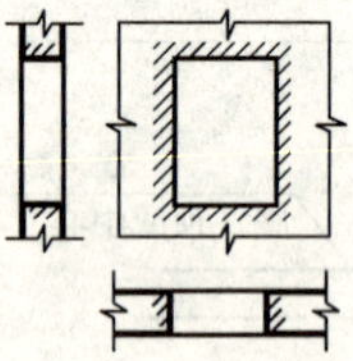	
18	在原有洞旁扩大的洞	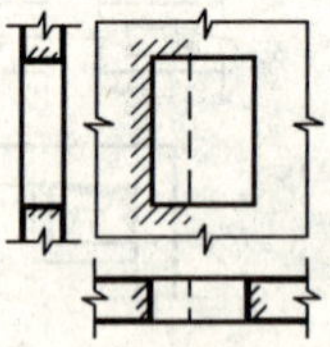	
19	在原有墙或楼板上全部填塞的洞	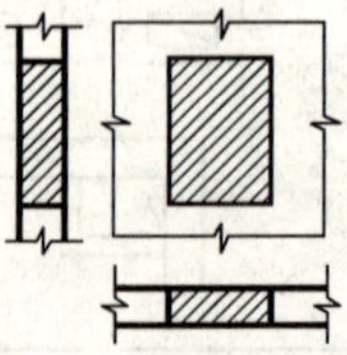	

续表 4-1

序号	名 称	图 例	说 明
20	在原有墙或楼板上局部填塞的洞		
21	空门洞		h 为门洞高度

二、平面图的有关规定

(一)定位轴线

定位轴线是用来确定房屋主要结构与构件位置的线。在平面图中,纵向和横向轴线构成轴线网(见图 4-2)。定位轴线用细点画线绘制。纵向轴线自下而上用大写拉丁字母Ⓐ、Ⓑ、Ⓒ……编号,其中 I、O、Z 不用;横向轴线由左至右用阿拉伯数字①、②、③……顺序编号。编号写在圆内,圆用细实线绘制,圆直径为 8～10mm。

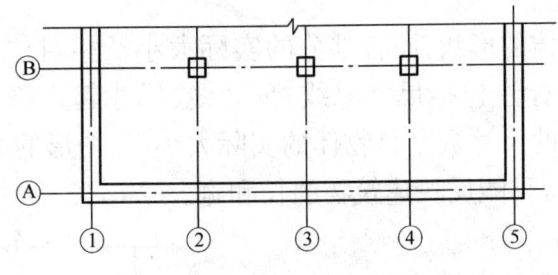

图 4-2 定位轴线

对于次要构件的位置,可采用附加定位轴线表示。附加定位轴线的编号用分数标注。编号规则是:两根轴线之间的附加轴线,分母表示前一轴线的编号,分子表示附加轴线的编号。附加轴线的编号用阿拉伯数字顺序编号。图 4-3 的附加轴线分别表示③轴之后的第 1 根附加轴线、Ⓑ轴之后的第 3 根附加轴线。

①轴和Ⓐ轴之前的附加轴线分母分别用 01、0A 表示。图 4-4 的附加轴线分别表示①轴之前的第 1 根附加轴线、Ⓐ轴之前的第 2 根附加轴线。

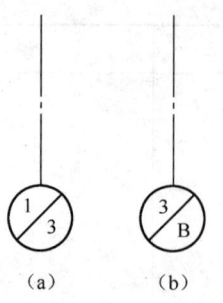

图 4-3 附加轴线

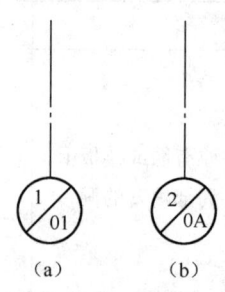

图 4-4 附加轴线

一个详图适用于几根轴线时,应同时注明各有关轴线的编号(图 4-5)。

通用详图中的定位轴线,应只画圆,不注写轴线编号。

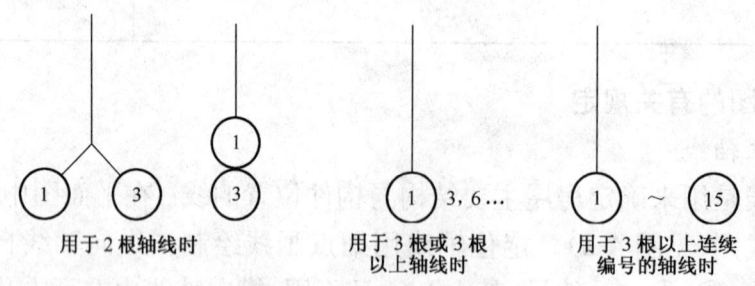

图 4-5 详图的轴线编号

(二)尺寸标注

图形只能表示物体的形状,而各部分的实际大小及相对位置,必须用尺寸数字标明。图样上的尺寸标注包括尺寸界线、尺寸线、尺寸起止符号和尺寸数字(见图 4-6)。图样上所标注的尺寸数字是物体的实际大小,与图形的大小无关。

平面图中的尺寸,只能反映建筑物的长和宽。

(三)线型

1. 实线。"——"实线用来表示物体看得见的轮廓线。图纸中把主要的轮廓线用粗实线表示,次要的轮廓线用细实线表示。

2. 虚线。"－－－"虚线用来表示看不见的轮廓线。

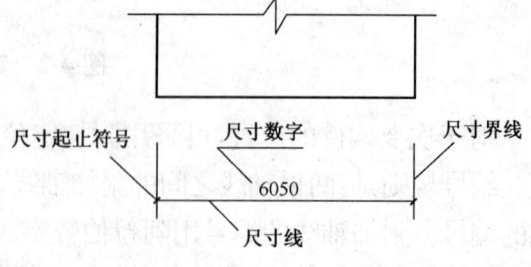

图 4-6 尺寸标注

3. 折断线。"——"有的部分在制图时不必全部表示出来,所省略的部分或者是物体断开处用折断线表示。

第三节 建筑平面图的内容

建筑平面图一般包括下列内容：

一、建筑物形状及总长和总宽

根据建筑物的形状、总长和总宽可计算出建筑物的占地面积和规模。

二、建筑物的内部布置和朝向

建筑物的内部布置和朝向应包括各种房间的分布及相互关系，入口、走道、楼梯的位置等。一般平面图均注明房间的名称或编号。首层平面图还标注指北针，表明建筑物的朝向。

三、平面定位轴线网

在建筑物主要承重构件处，如墙或柱等位置均有它们的定位轴线，并编有序号。

四、建筑物的尺寸

在建筑平面图中，用轴线和尺寸线表示各部分的长、宽尺寸和准确位置。平面图的外部尺寸一般分三道尺寸：最外面一道是外包尺寸，表示建筑物的总长度和总宽度；中间一道是轴线间距，表示开间和进深；最里面的一道是细部尺寸，表示门窗洞口、窗间墙、墙体等详细尺寸(见图4-7)。在平面图内还注有内部尺寸，表明室内的门窗洞、孔洞、墙体及固定设备的大小和位置。首层平面图还需要标注室外台阶、花池和散水等局部尺寸。

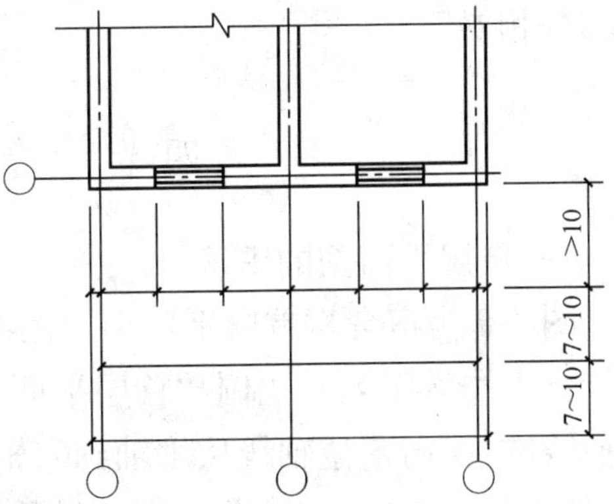

图 4-7 平面图外部尺寸标注

五、各层楼地面的标高

在各层平面图上还注有楼地面标高，表示各层楼地面距离相对标高零点(即正负零)的高差。

六、各种门、窗的编号以及门的开启方式

门用 M 表示，窗用 C 表示，并采用阿拉伯数字编号，如 M1、M2、M3、……C1、C2、C3……。同一编号代表同一类型的门或窗。当门窗采用标准图时，注写标准图集编号及图号。从门窗编号中可知门窗共有多少种。一般情况下，在本页图纸上或前面图纸上附有一个门窗表，列出门窗的编号、名称、洞口尺寸及数量。

七、剖面图的剖切位置

在首层平面图上标注有剖切符号，表示剖面图的剖切位置和剖视方向。

八、详图的位置和编号

当某些构造细部或构件另画有详图表示时,则注有索引符号,表明详图的位置和编号,以便与详图对照查阅。

九、必要的文字说明

对于图示不易表明的内容,如施工质量要求等则用文字说明。

此外,在建筑施工图中,常把屋顶平面图单独画出。在屋顶平面图中,主要包括以下内容:

(一)屋面排水情况

如排水分区,排水方向,屋面坡度,天沟、下水口位置等。

(二)突出屋面的构筑物位置

如电梯机房、水箱间、女儿墙、天窗、管道、烟囱、检查孔、屋面变形缝等的位置及形状。

(三)使用索引符号表示另画详图的部位

屋顶平面图比较简单,在建筑施工图中属于次要的图,比例较小,一般可为1:200,1:300等。在阅读屋面排水平面图时,要注意与屋面做法和墙身剖面图的檐口部分相对照。

第四节 建筑平面图的识读

一、首层平面图的识读

图4-8为宿舍楼首层平面图。图纸编号为建-03。

首先查看图名和比例:"首层平面图 1:100",确定为所找的图纸。然后识读平面轴线网:横向定位轴线从①轴到⑬轴共13个轴线,轴线间距除楼梯间为3000mm外,其余均为3600mm;纵向定位轴线从Ⓐ轴到Ⓒ轴共3个轴线,轴线间距分别为6000mm、1800mm。定位轴线确定了柱子的位置,如①轴与Ⓐ、Ⓑ轴的交点处有承重柱(图中涂黑的矩形)。

内横墙(如②、③轴等)的墙体厚度为200mm,轴线居中布置,墙体长度从Ⓐ轴到Ⓑ轴;①、⑬轴外墙厚300mm,墙体外侧与柱外侧平齐,墙体内侧距轴线100mm,墙体长度从Ⓐ轴到Ⓒ轴;Ⓐ轴外墙厚300mm,轴线偏心布置,轴线外侧200mm厚、内侧100mm厚,墙体长度从①轴到⑬轴;Ⓑ轴外墙墙厚仍为300mm,墙体长度从②轴到⑫轴。

房间布置有7间宿舍。每间宿舍在Ⓑ轴墙体上开设了门,门的代号为1027M1,门洞宽1000mm,高2700mm,洞边距轴线距离为1300mm;在Ⓐ轴墙上开设了窗,窗的代号为2121TC7,窗洞宽2.1m,高也是2.1m,洞边距轴线距离为

750mm,地面标高为±0.000m。

⑥、⑦、⑧轴之间布置有盥洗室和卫生间,在Ⓑ轴墙体上开设了门,门的代号为1227M7,表示门洞宽1200mm,高2700mm,洞边距轴线距离为1200mm。盥洗室两侧布置有盥洗台和墩布池,地面标高为-0.020m。⑦轴墙体上开设了代号为0921M3的门,门洞宽900mm,高2100mm,门洞边距Ⓑ轴墙内侧距离为200mm。通过这道门可进入卫生间,卫生间布置有蹲坑、小便池和通风道等。

⑧、⑨轴布置的是浴室。在Ⓑ轴墙体上开设了一道门,代号为1027M1,洞边距⑧轴轴线250mm。内设一道200mm厚的隔墙,划分出更衣室。通廊在Ⓑ、Ⓒ轴之间,轴线间距为1800,沿Ⓒ轴设置栏板,⑥到⑧之间为圆弧形,走廊地面标高为-0.060m。建筑物的出入口设置在两侧,通过下3步台阶可到达室外。台阶面宽350mm长3000mm,室外标高为-0.450m。

沿建筑物四周布置有散水,散水宽度为900mm。

在⑤、⑥轴之间有剖切符号,剖面图编号为1-1。

①、②轴和⑫、⑬轴之间各有一楼梯间。

①轴内侧设有一配电柜,配电柜的地沟做法通过索引符号表示另有详细图示,详图见本页的①详图。

二、二层平面图的识读

图4-9为二层平面图,图纸编号为建-04,房间布置同首层平面图。识读时注意楼层标高、女卫生间设备的变化,并详图表示更衣柜、通廊栏板上装饰条的做法,本页详图1为装饰条的详细做法,详图2为更衣柜的详细做法。另①轴和⑬轴墙上各埋一直径为50mm的硬塑料管吐水,以排除走廊上的雨水。

三、三层平面图的识读

图4-10为三层平面图,图纸编号为建-05,识读方法同上。

四、局部四层和屋顶平面图

图4-11的图纸编号为建-06,包括了两张图纸,一张是局部四层平面图,另一张是屋顶平面图。

局部四层平面图表示四层只有楼梯间,并分别在②轴和⑫轴设有代号为1221M5的门,门洞宽1200mm,高2100mm,并设有一步台阶,台阶尺寸为2200mm×1200mm,其余地方为上人屋面。

屋顶平面图主要表示屋顶的排水分区和排水设施。楼梯间屋面上的雨水通过雨水管排至上人屋面,上人屋面向Ⓐ轴找坡,排水坡度为2%。沿Ⓐ轴墙的外侧分别在③、⑤、⑨、⑪轴处各设置一雨水管,将雨水排至散水。排水构件见08BJ5-1图集。

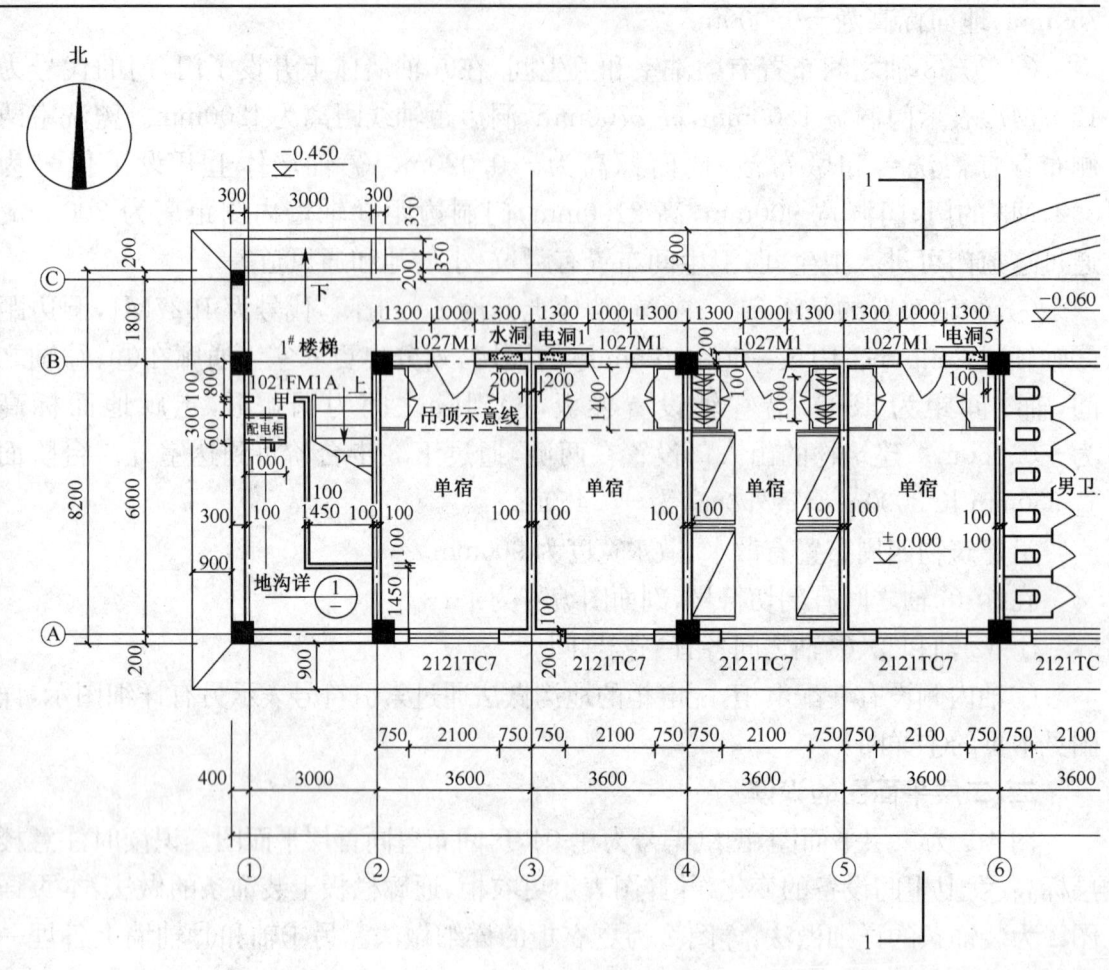

首层平面 1:100

注：
1. 卫生间、盥洗室、浴室详见建-10。
2. 1#楼梯、1#楼梯反参见详图。
3. 水洞：宽×高×深 750×1200×180 洞底距地 900
   电洞1：宽×高×深 550×650×180 洞底距地 1400
   电洞2：宽×高×深 450×950×160 洞底距地 1400
   电洞3：宽×高×深 450×700×160 洞底距地 500
   电洞4：宽×高×深 550×650×160 洞底距地 1400
   电洞5：宽×高×深 400×300×160 洞底距地 1400

图 4-8 首层

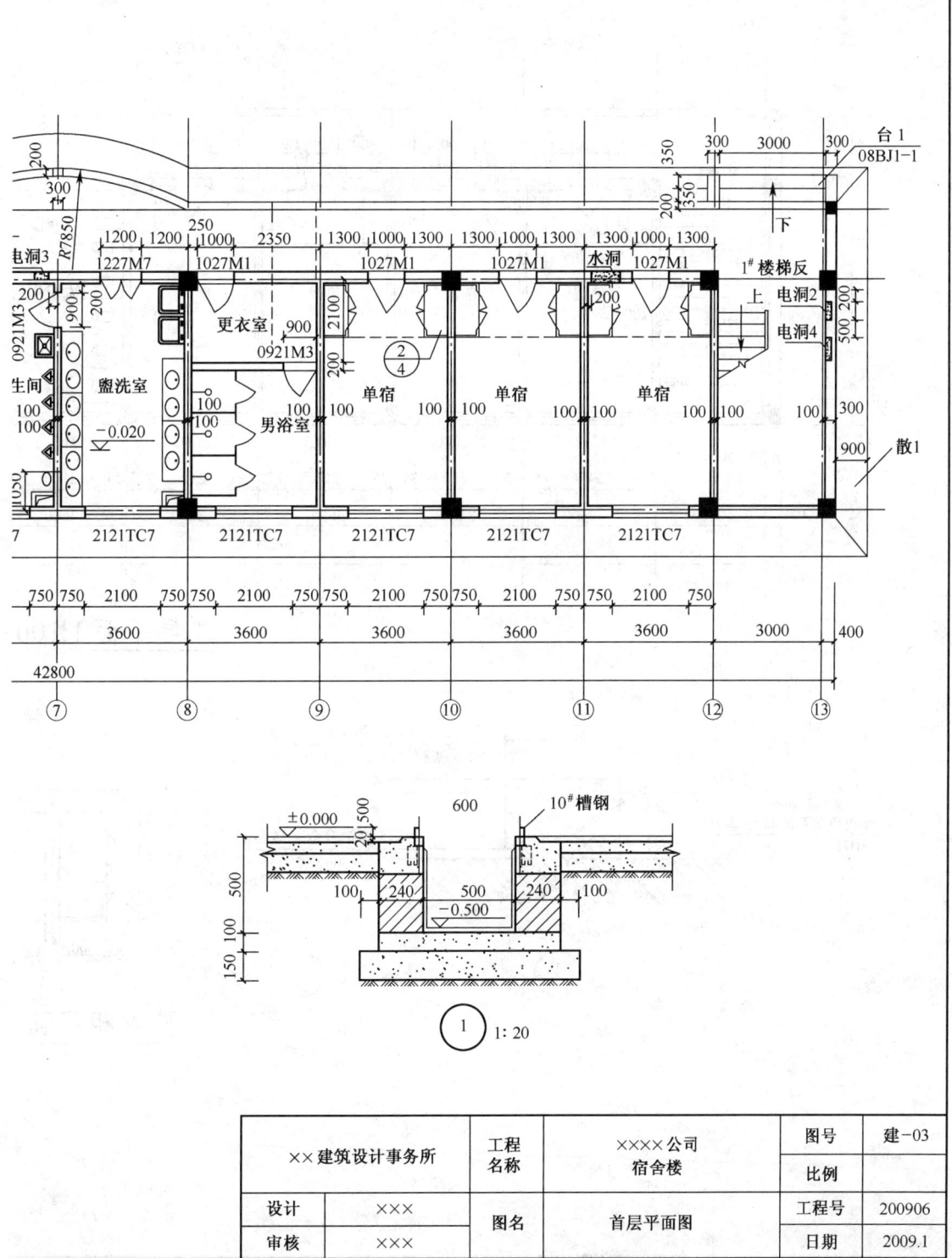

平面图

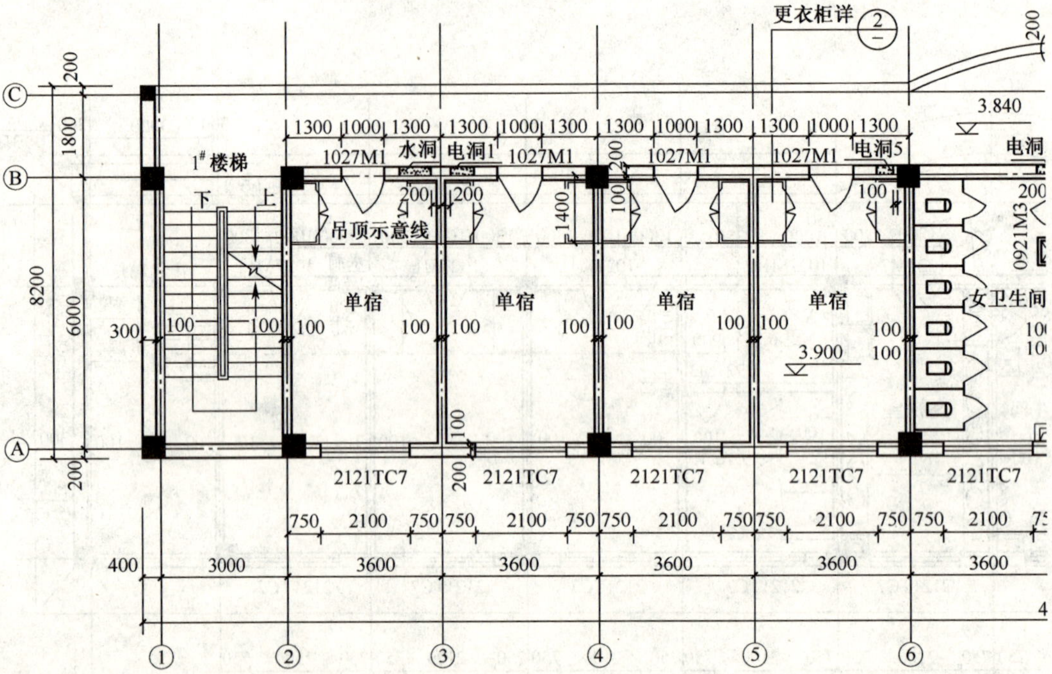

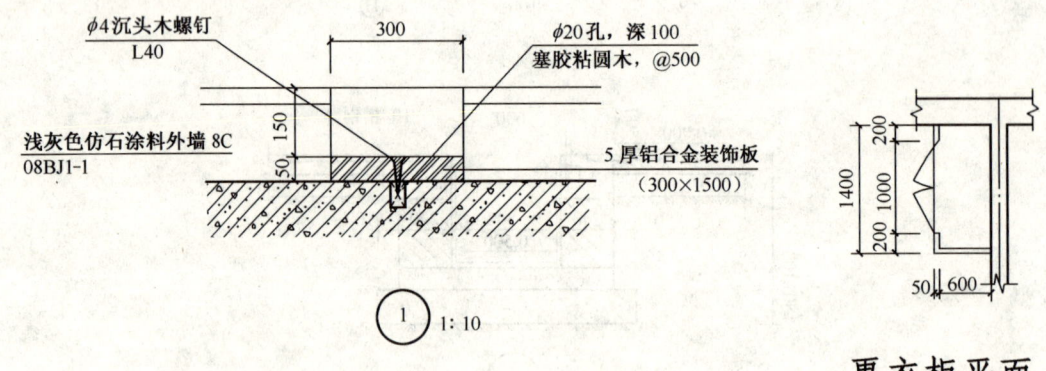

图 4-9 二层

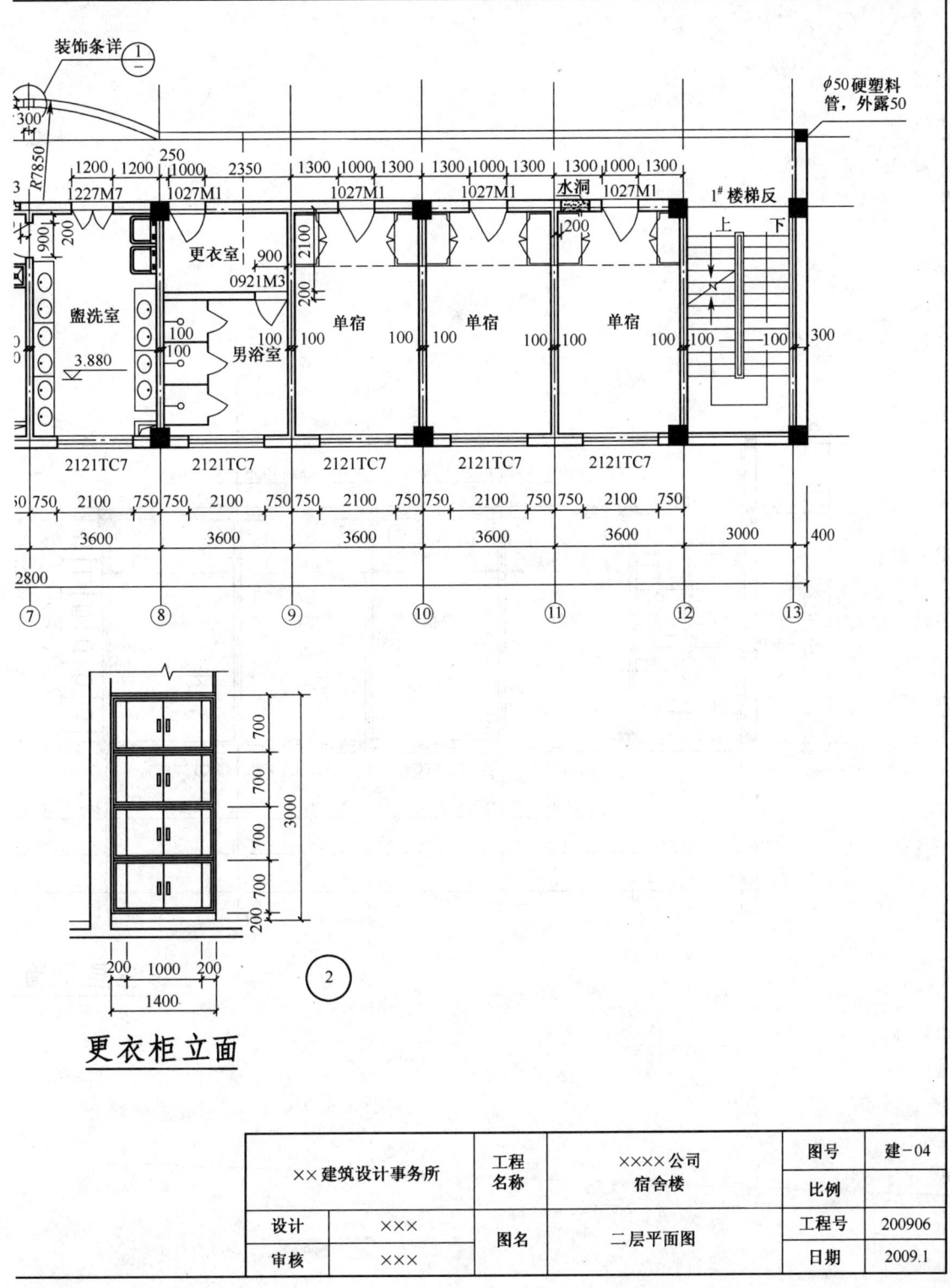

平面图

39

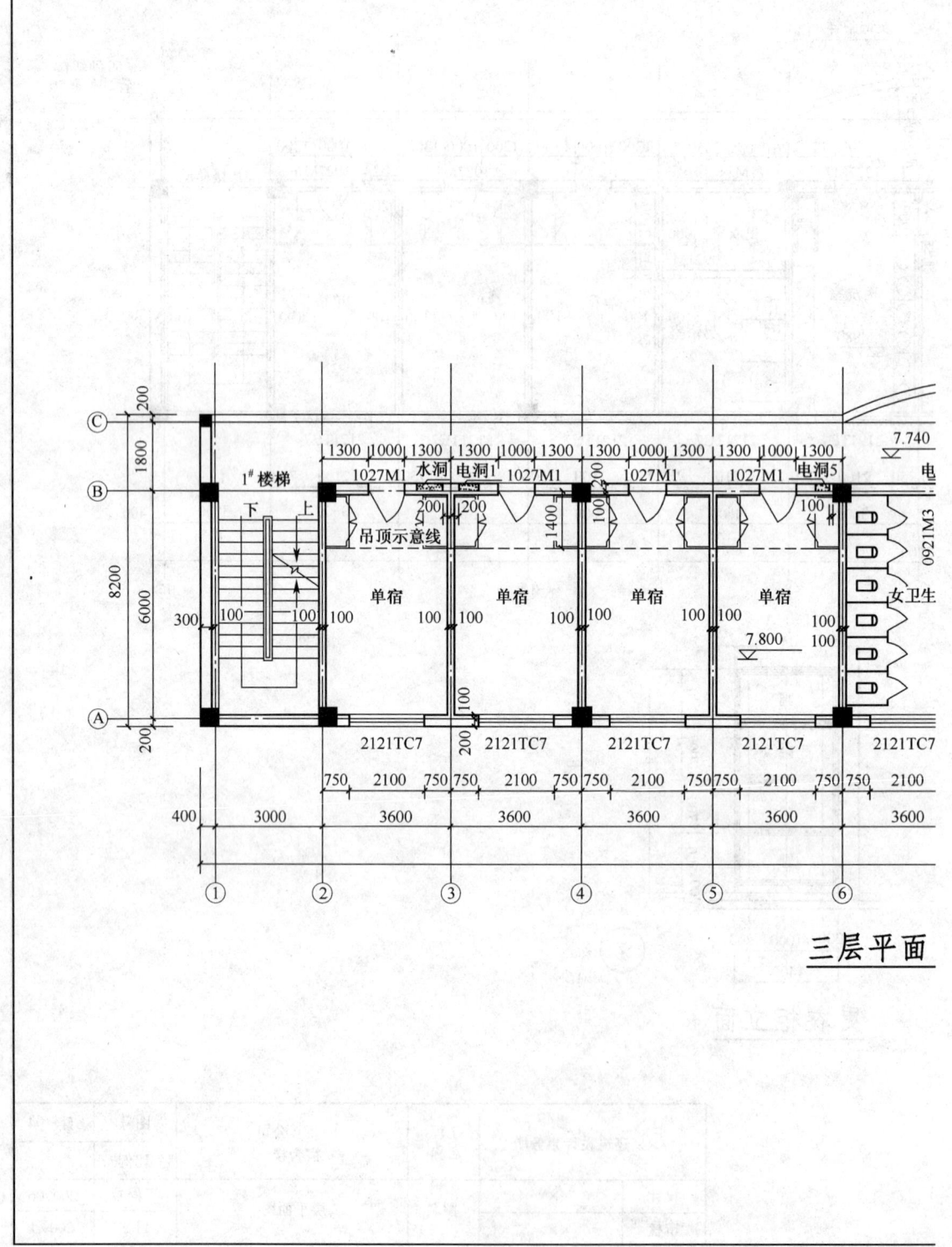

图 4-10 三层

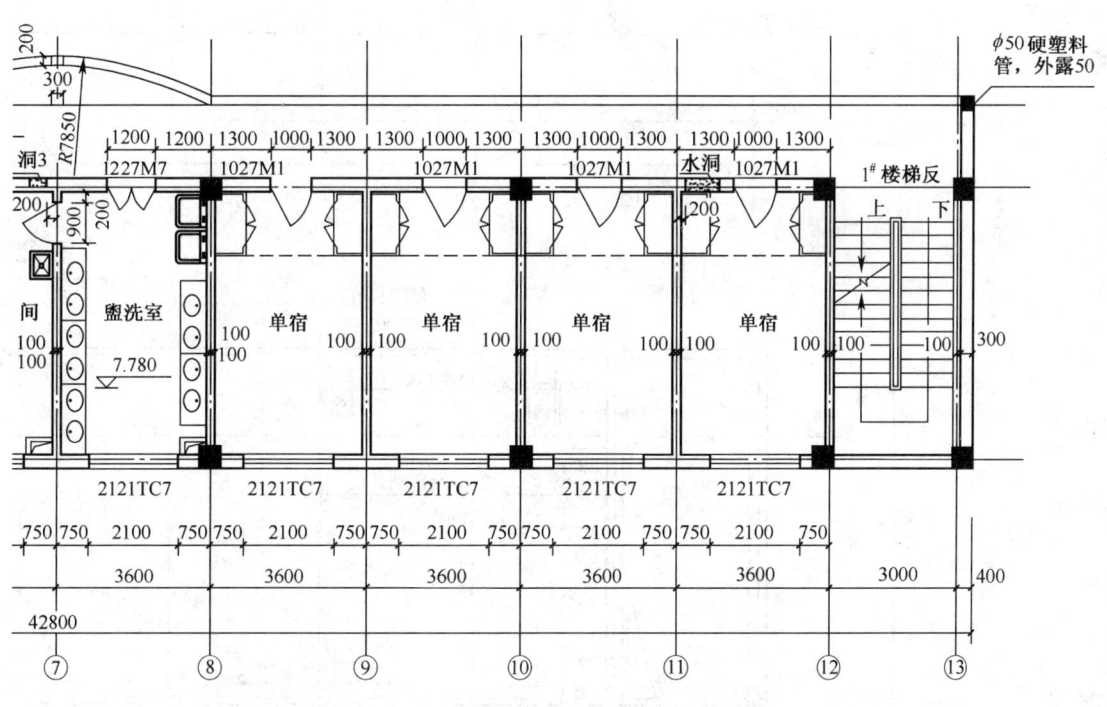

平面图

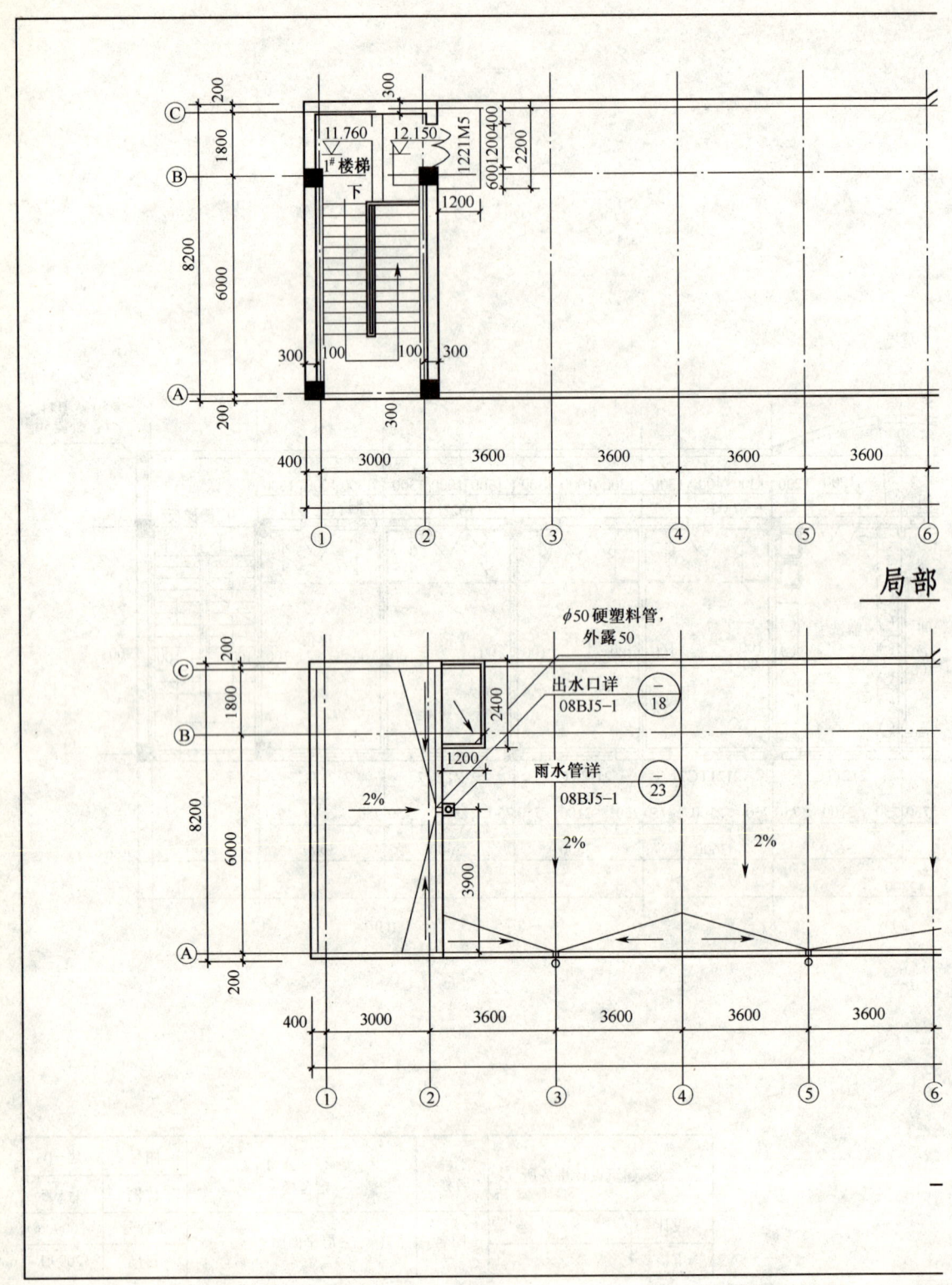

图 4-11 屋顶

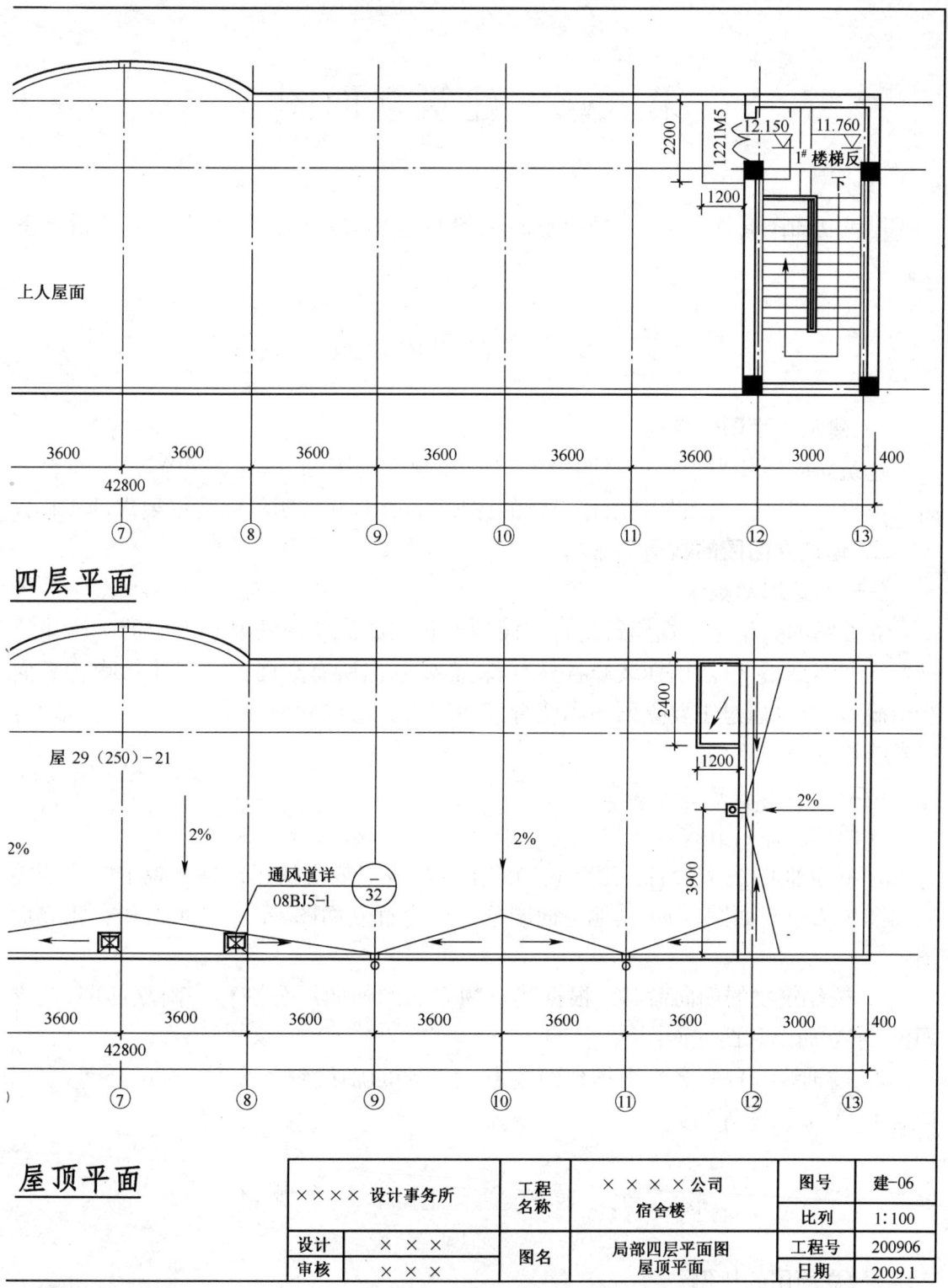

第五章　建筑立面图

建筑立面图简称立面图,是建筑施工图的基本图之一。其主要用途是指导室外装修。

第一节　建筑立面图的形成与数量

一、建筑立面图的形成

建筑立面图相当于正投影图中的正立和侧立投影图,是建筑物各方向外表立面的正投影图。立面图是表示建筑物的体形和外貌,并表明外墙装修要求的图样。

二、建筑立面图的数量与命名

(一)立面图的数量

立面图的数量是根据建筑物各立面的形状和墙面装修的要求而定的。当建筑物各立面造型不一样、墙面装修各异时,就需要画出所有立面图。当建筑物各立面造型简单,可以通过主要立面图和墙身剖面图表明次要立面的形状和装修要求时,可省略该立面图不画。

(二)立面图的命名

立面图的命名方式有三种:

1. 按立面的主次命名。把建筑物的主要出入口或反映建筑物外貌主要特征的立面图称为正立面图,而把其他立面图分别称为背立面图、左侧立面图和右侧立面图等。

2. 按建筑物的朝向命名。根据建筑物立面的朝向可分别称为南立面图、北立面图、东立面图和西立面图。

3. 按轴线编号命名。根据建筑物立面两端的轴线编号命名。如①～⑩立面图、Ⓐ～Ⓓ立面图等。

第二节　建筑立面图的有关规定

一、立面图的比例

立面图所采用的比例应与建筑平面图所用比例一致,以便与建筑平面图对照阅读。

二、立面图的定位轴线

在建筑立面图中只画出两端的轴线并注出其编号。编号应与建筑平面图该立面两端的轴线编号一致,以便与建筑平面图对照阅读,从中确认立面的方位。

三、立面图的图线

为使建筑立面图清晰和美观,一般立面图的外形轮廓线用粗实线表示;室外地坪线用特粗实线表示;门窗、阳台、雨罩等主要部分的轮廓线用中粗实线表示;其他如门窗扇、墙面分格线等均用细实线表示。

四、立面图的图例

由于立面图的比例小,因此,立面图上的门窗应按图例立面式样表示,并画出开启方向(见图 5-1)。开启线以人站在门窗外侧看,细实线表示外开,细虚线表示内开,线条相交一侧为合页安装边。相同类型的门窗只画出一、两个完整的图形,其余的只画出单线图形。

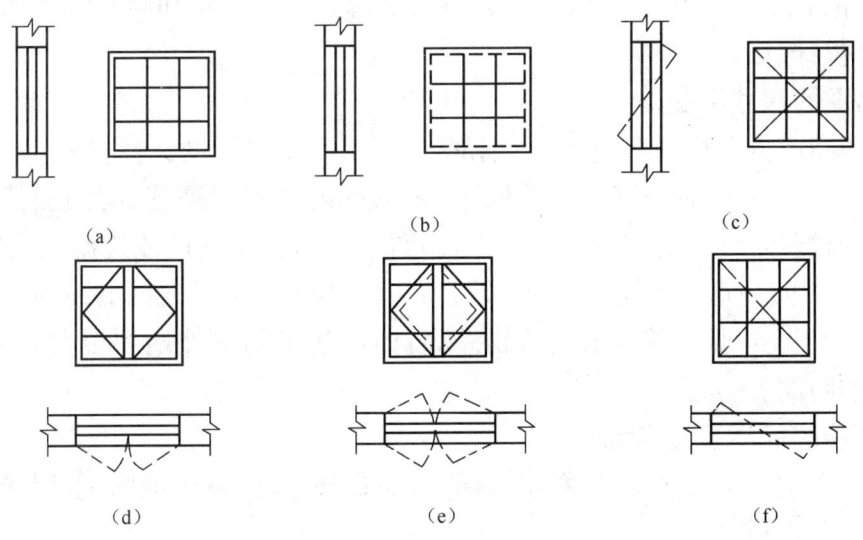

图 5-1 常用门窗图例

(a)单层固定窗 (b)双层固定窗 (c)单层中悬窗
(d)单层外开平开窗 (e)双层内外开平开窗 (f)立转窗

五、立面图的指示线

立面图中用指示线和文字说明,指明墙面各部位装修做法。

六、其他方面

对于比较简单的对称式建筑物,立面图可以只绘一半,同

图 5-2 对称符号

时画出对称符号(见图5-2)。

另画详图的部位一般标注索引符号,指示查阅详图。如墙身剖面图的索引符号通常在立面图上标注。

对于平面形状曲折的建筑物,其立面图可采用展开式立面图。

第三节 建筑立面图的内容

一、立面图图面包含的内容

1. 注明图名和比例。
2. 表明一栋建筑物的立面形状及外貌。
3. 反映立面上门窗的布置、外形以及开启方向(应用图例表示)。
4. 表明外墙面装饰的做法及分格。
5. 表示室外台阶、花池、勒脚、窗台、雨罩、阳台、檐沟、屋顶和雨水管等的位置、立面形状及材料做法。

二、立面图的尺寸标注

沿立面图高度方向标注三道尺寸:细部尺寸、层高及总高度。

1. 细部尺寸。最里面一道是细部尺寸,表示室内外地面高差、防潮层位置、窗下墙高度、门窗洞口高度、洞口顶面到上一屋楼面的高度、女儿墙或挑檐板高度。
2. 层高。中间一道表示层高尺寸,即上下相邻两层楼地面之间的距离。
3. 总高度。最外面一道表示建筑物总高,即从建筑物室外地坪至女儿墙压顶(或至檐口)的距离。

三、立面图的标高及文字说明

1. 标高。标注房屋主要部分的相对标高,如室外地坪、室内地面、各层楼面、檐口、女儿墙压顶、雨罩等。
2. 说明。索引符号及必要的文字说明。

第四节 建筑立面图的识读

一、南立面图的识读

图 5-3 为南立面图,图纸编号为建-07。对照首层平面图的指北针看,南立面是指整个Ⓐ轴外墙面,两端的定位轴线为①轴至⑬轴。

南立面图的绘制比例为 1∶100,宿舍楼总高 16.05m,室内外高差为 0.45m,一至三层的层高为 3.9m,四层层高为 3m,四层顶部女儿墙高 0.9m,上人屋面处女儿墙高 1.5m。

每层设计有 10 个代号为 2121TC7 的窗,窗高 2100mm,窗洞宽度为 2100mm,窗台高度为 900mm,窗洞上口至上层楼面的高度为 900mm。

外墙装修做法为外墙 8,勒脚为外墙 6A。通过查阅 08BJ1-1 图集,可以明确装修做法,如外墙 8D 的用料及分层做法为:

1. 喷(或刷)仿石涂料。
2. 喷仿石底涂料。
3. 着色剂。
4. 刷封底涂料增强粘结力。
5. 14 厚 DP-HR 抹平。

墙上有三道装饰线条,通过索引符号可以在本页上找到详图 1 表示装饰线条的做法。三道装饰线条的位置分别在标高 3.9m、7.8m 和 11.7m 处,线条高 300mm。

顶部装饰线条上方有 10 块装饰块(北立面还有 8 块),图上标有装饰块的定位和定形尺寸。通过索引符号可以在本页上找到详图 2 表示装饰块的做法。

该立面设有 4 个雨水管。

该立面还有一剖切索引符号 $\frac{1}{10}$,表示另有详图说明墙身做法,详图绘制在"建-10"的第一个详图。在图号为"建-10"的图纸上,应该有一符号为 $\frac{1}{7}$ 的详图,表明此处的外墙做法。

二、北立面图的识读

图 5-4 为北立面图,图纸编号为建-08。对照首层平面图的指北针看,北立面图可看到ⓒ轴的栏板和Ⓑ轴的部分外墙面,两端的定位轴线为⑬轴至①轴。

北立面图的绘制比例为 1∶100,高度尺寸及装修做法同南立面。

在ⓒ轴上,首层通廊栏板高 1000mm,二、三层栏板总高 2200mm,平面造型为圆弧部分的栏板高 2500mm。

在Ⓑ轴上,每层可见 8 扇代号为 1027M1 的门和一扇 1227M7 的门,门洞高 2700mm,宽分别为 1000mm 和 1200mm。

靠近⑬轴和①轴各有一部楼梯和出入口。

该立面还有一剖切索引符号 $\frac{2}{10}$,表示另有详图说明墙身做法,详图绘制在"建-10"的第二个详图。在图号为"建-10"的图纸上,应该有一符号为 $\frac{2}{8}$ 的详图,表明此处的外墙做法。

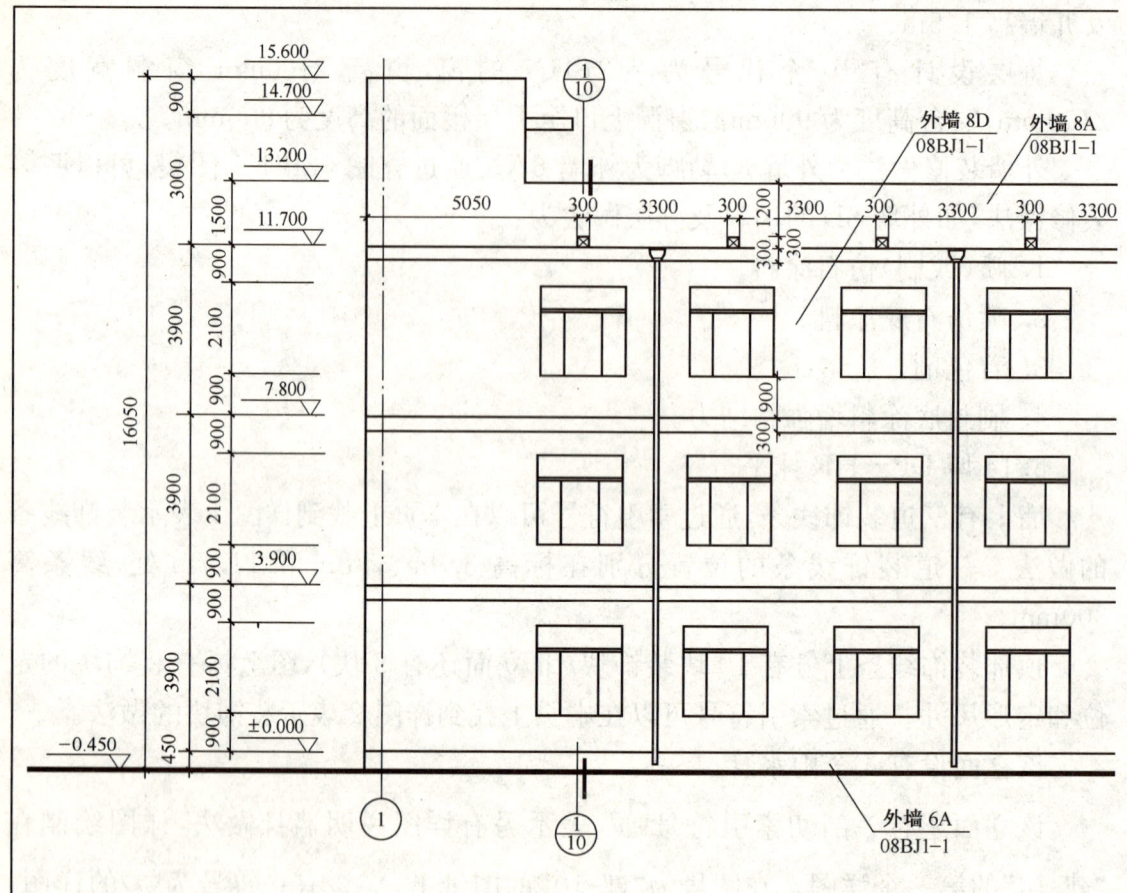

图 5-3 南立

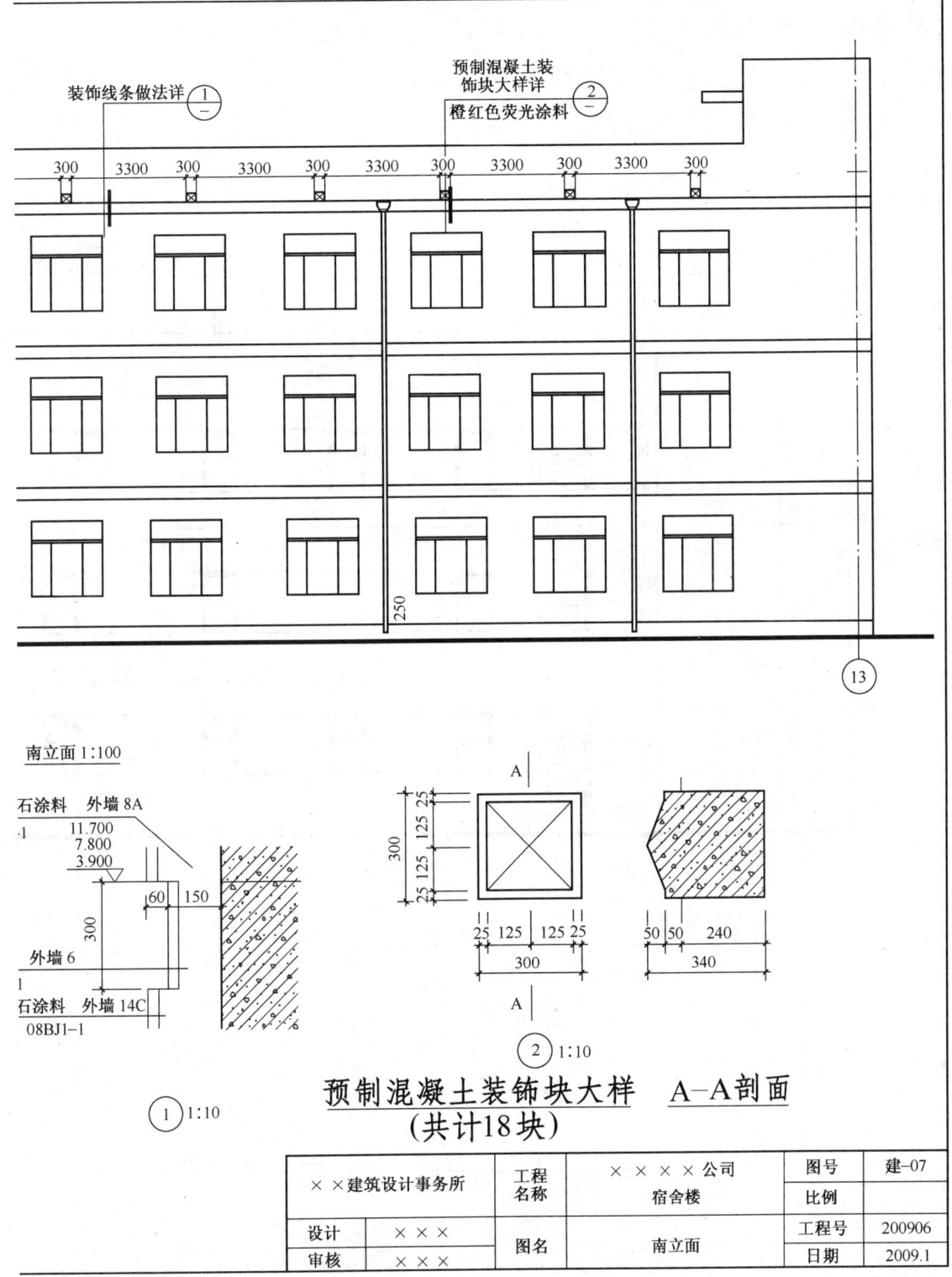

面图

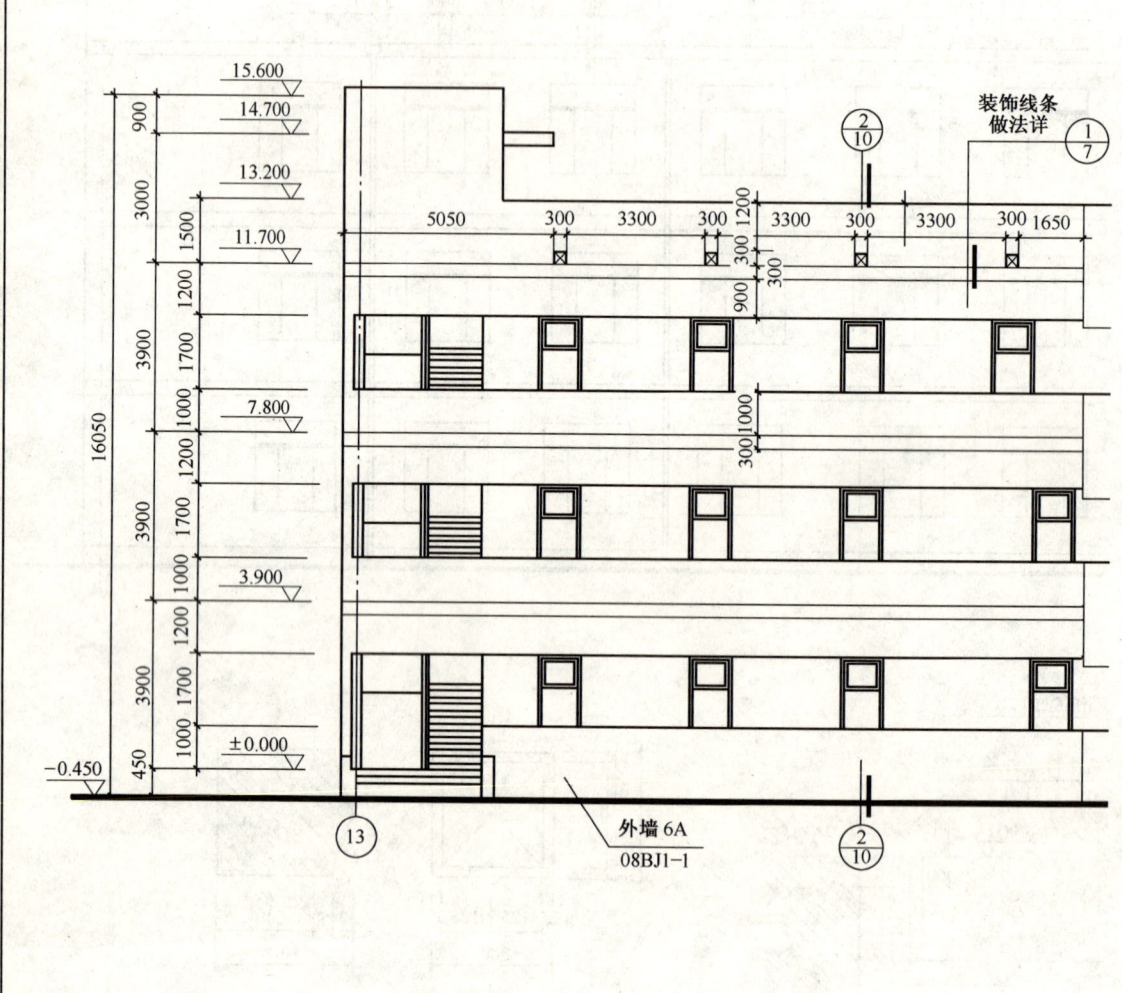

图 5-4 北立

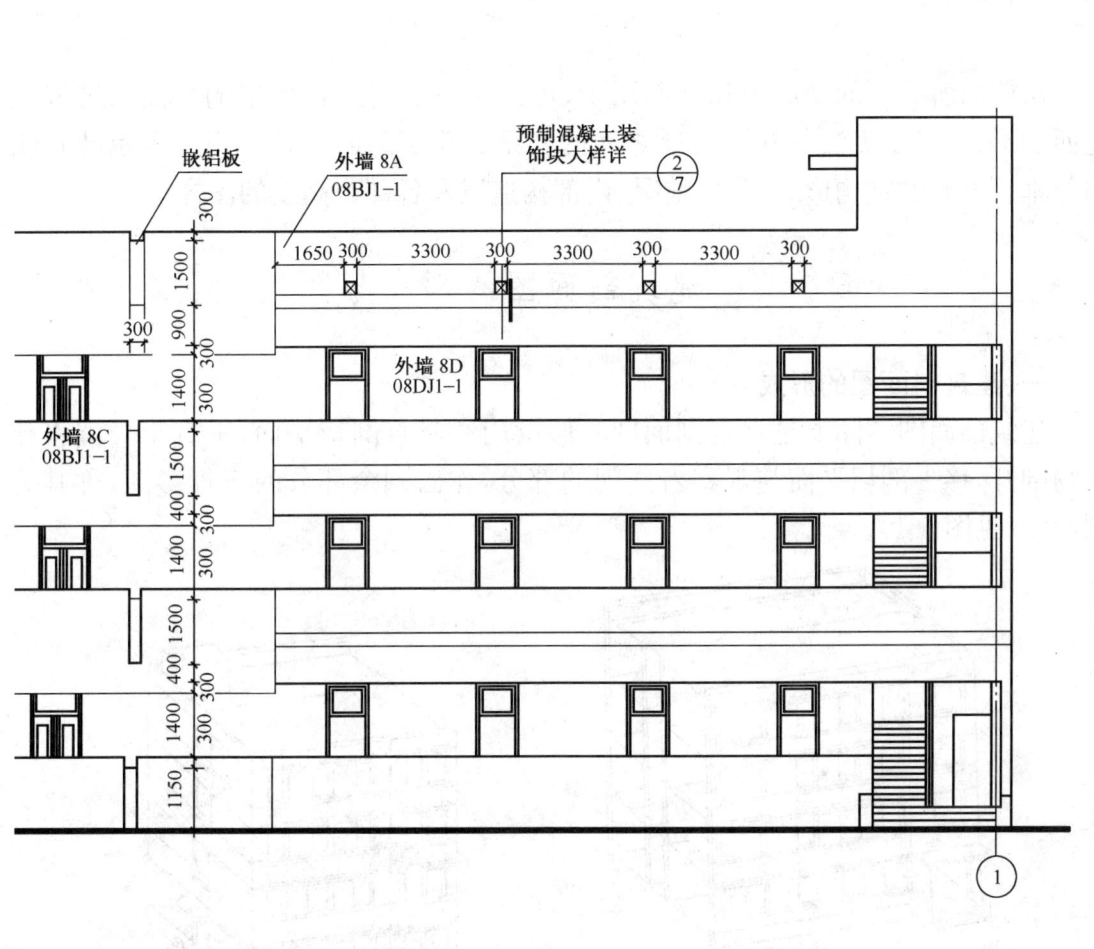

面图

· 51 ·

第六章 建筑剖面图

从前面所看到的平面图和立面图中,可以了解到建筑物各层的平面布置以及立面的形状,但是无法得知层与层之间的联系。建筑剖面图就是用来表示建筑物内部垂直方向的结构形式、分层情况、内部构造以及各部位高度的图样。

第一节 建筑剖面图的形成与数量

一、建筑剖面图的形成

建筑剖面图实际上是垂直剖面图。假设用一竖直剖切平面,垂直于外墙将建筑物剖开,移去剖切平面与观察者之间的部分,作出剩余部分的正投影图,称其为剖面图(见图6-1)。

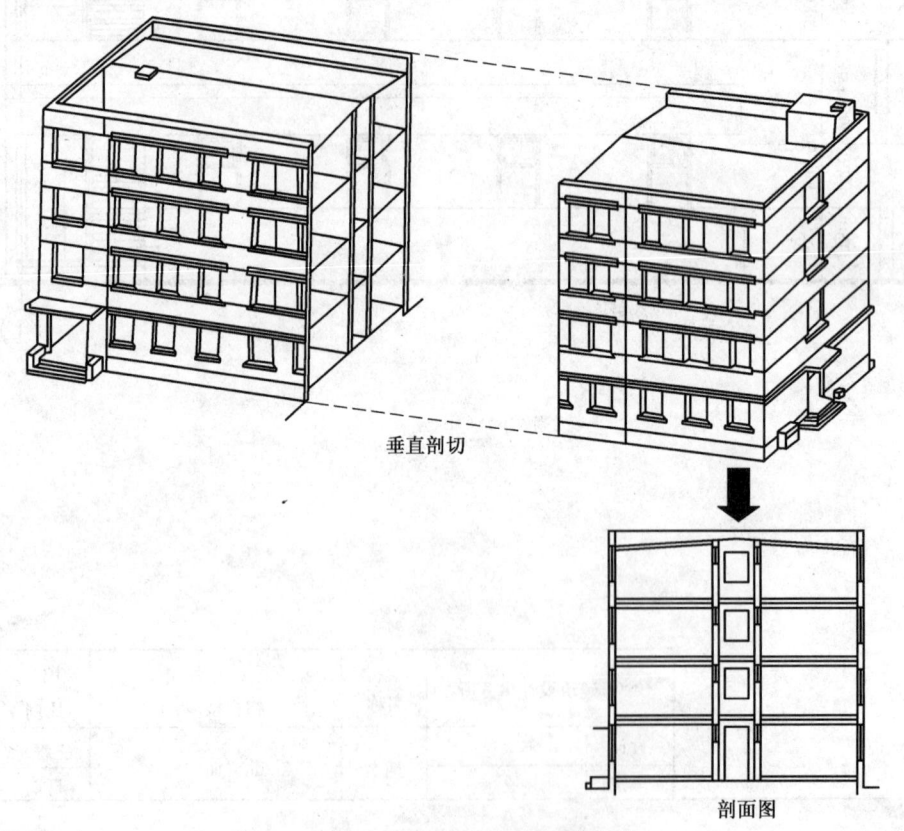

图6-1 建筑剖面图的形成

二、建筑剖面图的数量

建筑剖面图的剖切位置通常选择在能表现建筑物内部结构和构造比较复杂、有变化、有代表性的部位,一般应通过门窗洞口、楼梯间及主要出入口等位置。

剖面图的数量应根据建筑物内部构造的复杂程度和施工需要而定。

第二节　建筑剖面图的有关图例和规定

一、比例

剖面图所采用的比例一般应与平面图和立面图的比例相同,以便和它们对照阅读。

二、定位轴线

在剖面图中应画出两端墙或柱的定位轴线及其编号,以明确剖切位置及剖视方向。

三、图线

剖面图中的室内外地坪线用特粗实线表示。剖到的部位如墙、柱、板、楼梯等用粗实线表示,未剖到的用中粗实线表示,其他如引出线等用细实线表示。基础用折断线省略不画,另由结构施工图表示。

四、多层构造引出线

多层构造共用引出线,应通过被引出的各层。文字说明可注写在横线的上方,也可注写在横线的端部;说明的顺序应由上至下,并与被说明的层次相互一致。如层次为横向排列,则由上至下的说明顺序与由左至右的构造层次相互一致(见图 6-2)。

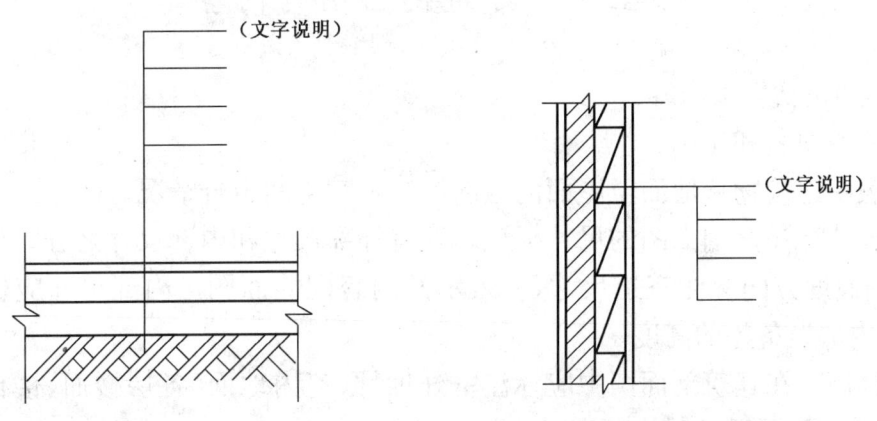

图 6-2　多层构造引出线

五、建筑标高与结构标高

建筑标高是指各部位竣工后的上（或下）表面的标高；结构标高是指各结构构件不包括粉刷层时的下（或上）皮的标高（见图 6-3）。

六、坡度

建筑物倾斜的地方如屋面、散水等，需用坡度来表示倾斜的程度。图 6-4a 是坡度较小时的表示方法，箭头指向下坡方向，2% 表示坡度的高宽比；图 6-4b、图 6-4c 是坡度较大时的表示方法，分别读作 1∶2 和 1∶2.5。图 6-4c 中直角三角形的斜边应与坡度平行，直角边上的数字表示坡度的高宽比。

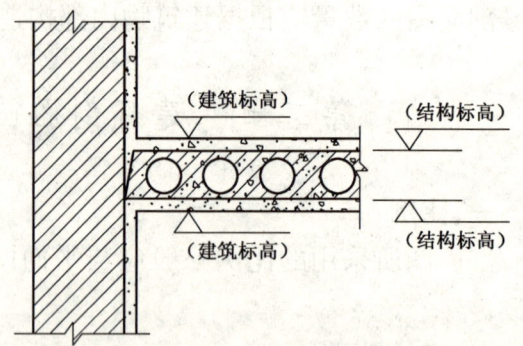

图 6-3 建筑标高与结构标高注法示例

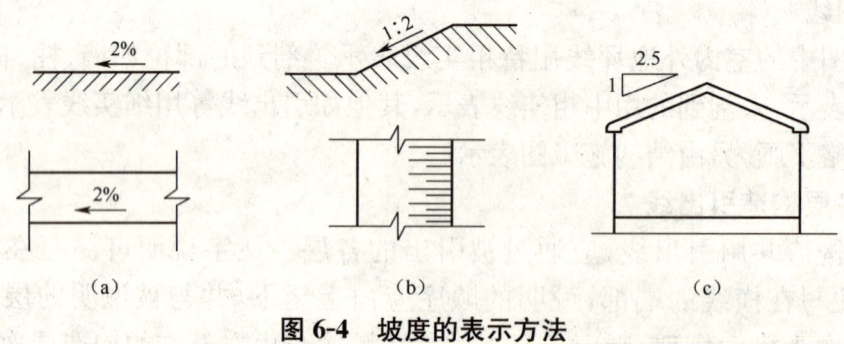

图 6-4 坡度的表示方法

第三节 建筑剖面图的内容

剖面图包括以下内容：

1. 注明图名和比例。

2. 表明建筑物从地面至屋面的内部构造及其空间组合情况。

3. 尺寸标注。剖面图的尺寸标注一般有外部尺寸和内部尺寸之分。外部尺寸沿剖面图高度方向标注三道尺寸，所表示的内容同立面图。内部尺寸应标注内门窗高度、内部设备等的高度。

4. 标高。在建筑剖面图中应标注室外地坪、室内地面、各层楼面、楼梯平台等处的建筑标高，屋顶的结构标高。

5. 表示各层楼地面、屋面、内墙面、顶棚、踢脚、散水、台阶等的构造做法。表示方法可以采用多层构造引出线标注。若为标准构造做法,则标注做法的编号。

6. 表示檐口的形式和排水坡度。檐口的形式有两种,一种是女儿墙,另一种是挑檐(见图6-5)。

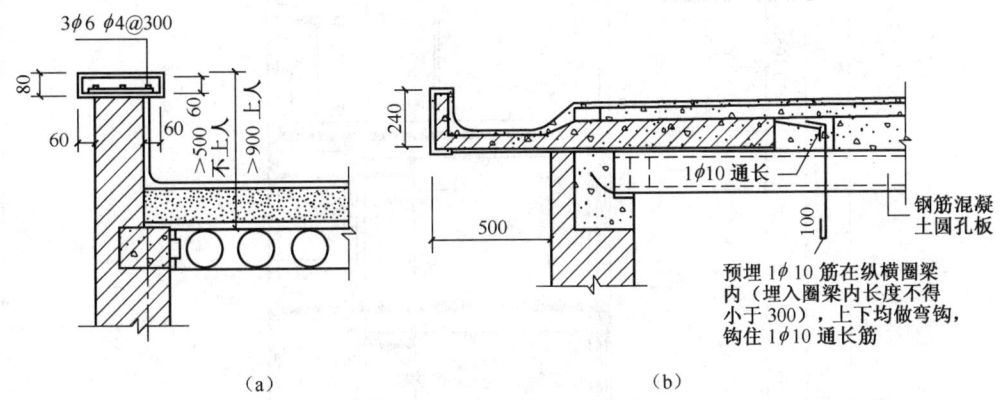

图 6-5　檐口的形式
(a)女儿墙　(b)挑檐

7. 在建筑剖面图上另画详图的部位标注索引符号,表明详图的编号及所在位置。

第四节　建筑剖面图的识读

图6-6为1—1剖面图,图纸编号为"建-09",绘制比例1∶100。

查看首层平面图上1—1剖切符号,可知1—1剖面图为垂直剖。剖切平面剖到Ⓐ轴、Ⓑ轴墙和Ⓒ轴栏板;向左投影,可看到大门出入口。

1-1剖面图表明该建筑物总高16.05m,室内外高差为0.45m,一至三层的层高为3.9m,四层层高为3m,四层顶部女儿墙高0.9m。

Ⓐ轴上的窗台高900mm,窗洞高2100mm;窗洞上口至上层楼面的高度为900mm,三层上人屋面的女儿墙为1.5m,女儿墙顶面的相对标高为13.2m。

每层走廊的标高均比室内楼地面低60mm,以防止雨水倒流入室内。

看到局部四层②轴墙外侧,有上人屋面的门及雨罩、雨水管。剖切索引符号表明此处外墙另有详图表示。剖切索引符号为⌀,表示另有详图说明墙身做法,详图绘制在"建-10"的第三个详图。在图号为"建-10"的图纸上,应该有一符号为⌀的详图,表明此处的外墙做法。

涂黑部分表示钢筋混凝土材料。

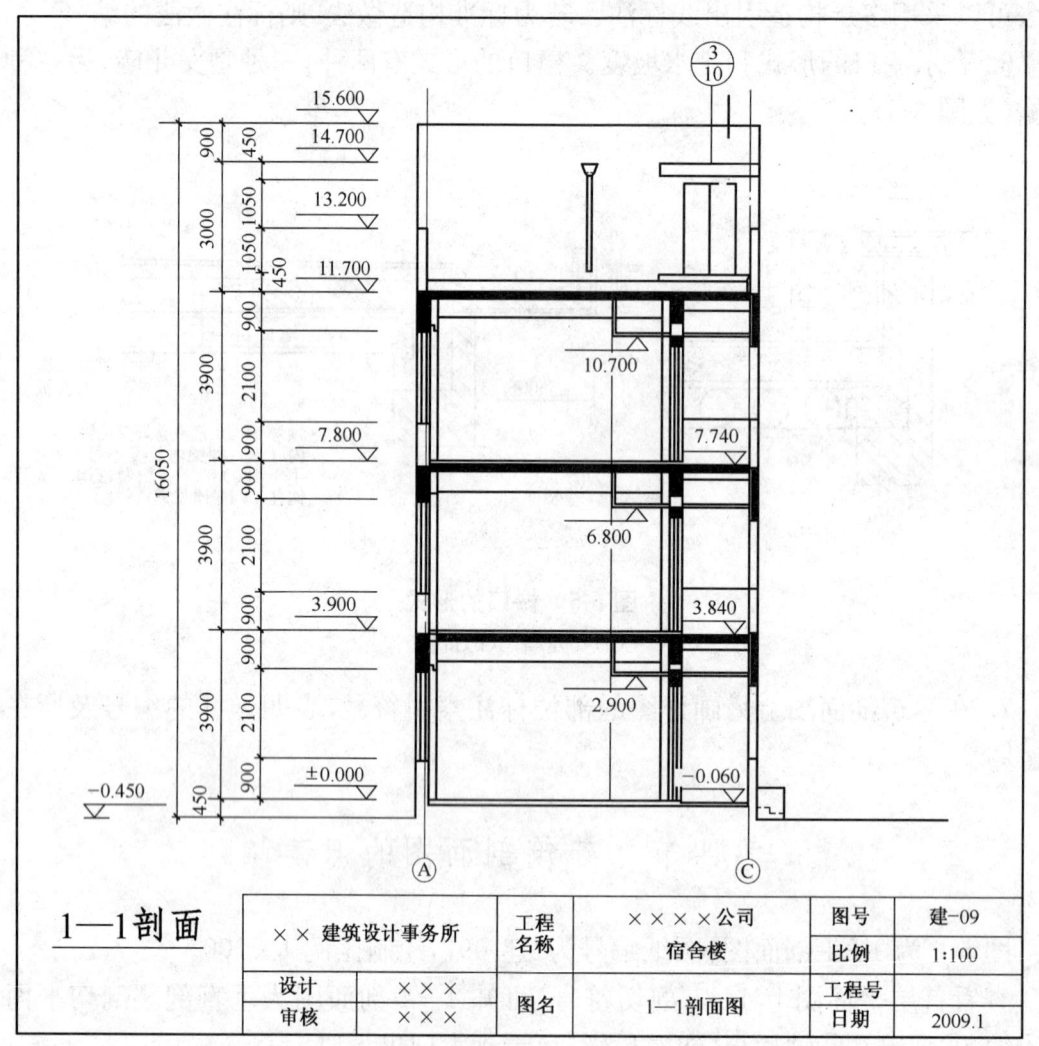

图 6-6　1—1 剖面图

第五节　平、立、剖面图的联合识读

建筑平、立、剖面图从不同角度表示的是同一个建筑物。建筑平面图表示建筑物的长度和宽度，立面图和剖面图表示建筑物的长度（或宽度）和高度。因此，要了解建筑物的长、宽、高三个尺寸，必须同时看平面图、立面（或剖面）图。联合看图的步骤大致如下：

1. 以建筑平面图的轴线网为准，对照检查立面图和剖面图的轴线编号是否互相对位。

2. 根据建筑平、立、剖面图，了解建筑物的外形及内部的大致形状。例如建筑物的长、宽、高三个尺寸,房间的形状是长的还是方的。

3. 根据建筑平面图、剖面图,可以看出墙体的厚度及所使用的材料(如砖、混凝土等)。

4. 根据建筑平面图、立面图,可全面了解外墙门窗的尺寸、种类、数量和式样。

5. 根据建筑平面图,了解每层房间的分布情况,了解内部隔墙、承重墙、门窗洞口分布的位置。

6. 根据建筑平面图、剖面图,了解各房间的尺寸(长度、宽度、高度)和门窗洞口的尺寸(宽度和高度)。

7. 根据建筑剖面图,了解楼地面和屋面的构造做法,以及基础的位置。

8. 根据建筑立面图、剖面图,了解建筑物的内外装修。

9. 阅读索引符号,了解详图索引的位置,以便与有关详图对照阅读。

10. 最后要把建筑平面图、立面图、剖面图上的内容一一对照阅读。例如:立面图上的窗是平面图上的哪一部分,剖面图上的窗又相当于平面图、立面图上的哪一部分,立面图上的标高又是剖面图上的哪一部分,剖面图上的楼梯是平面图上的哪一座楼梯等。

总之,阅读完建筑平、立、剖面图之后,要对整个建筑物建立起一个完整的概念。

第七章 建筑详图

第一节 概　　述

一、基本概念

对一个建筑物来说,有了建筑平、立、剖面图是否就能施工了呢?不行。因为平、立、剖面图图样比例较小,建筑物的某些细部及构配件的详细构造和尺寸无法表示清楚,不能满足施工需求。所以,在一套施工图中,除了有全局性的基本图样外,还必须有许多比例较大的图样,对建筑物细部的形状、大小、材料和做法加以补充说明,这种图样称为建筑详图。建筑详图是建筑细部施工图,是建筑平、立、剖面图的补充,是施工的重要依据之一。

二、建筑详图主要图示特点

1. 比例较大,常用比例为1∶20、1∶10、1∶5、1∶2、1∶1等。
2. 尺寸标注齐全、准确。
3. 文字说明详细、清楚。
4. 详图与其他图的联系主要采用索引符号和详图符号,有时也用轴线编号、剖切符号等。
5. 对于采用标准图或通用详图的建筑构配件和剖面节点,只注明所用图集名称、编号或页次,而不画出详图。

三、基本内容

建筑详图包括的主要图样有:墙身剖面图、楼梯详图、门窗详图及厨房、浴室、卫生间详图等。

建筑详图主要表示建筑构配件(如门、窗、楼梯、阳台、各种装饰等)的详细构造及连接关系;表示建筑细部及剖面节点(如檐口、窗台、明沟、楼梯扶手、踏步、楼地面、屋面等)的形式、层次、做法、用料、规格及详细尺寸;表示施工要求及制作方法。

四、识读详图注意事项

1. 首先要明确该详图与有关图的关系。根据所采用的索引符号、轴线编号、剖切符号等明确该详图所示部分的位置,将局部构造与建筑物整体联系起来,形成完整的概念。

2. 读详图要细心研究,掌握有代表性部位的构造特点,灵活应用。

一个建筑物由许多构配件组成,而它们多数都是相同类型,因此,只要了解一、两个的构造及尺寸,可以类推其他构配件。

下面以外墙详图、楼梯详图、门窗详图为例,说明其图示内容和阅读方法。

第二节 外 墙 详 图

一、外墙详图的形成与用途

(一)外墙详图的形成

假设用一个垂直墙体轴线的铅垂剖切平面,将墙体某处从防潮层剖到屋顶,所得到的局部剖面图称为外墙详图(见图7-1)。在绘制外墙详图时,一般在门窗洞口中间用折断线断开。实际上外墙详图是几个节点详图的组合。在多层或高层建筑中,如果中间各层墙体构造完全相同,则外墙详图只画出底层、中间层及顶层三个部位的节点组合图,基础部分不表示,用折断线断开。

(二)外墙详图的用途

外墙详图与建筑平面图配合使用,为砌墙、室内外装修、立门窗、安装预制构配件提出具体要求,并为编制施工预算提供依据。

二、外墙详图的主要内容

(一)注明图名和比例

外墙详图是建筑详图之一,通常采用的比例为1∶20。

(二)外墙详图要与基本图标识一致

外墙详图要与平面图中的剖切符号或立面图上的索引符号所在位置、剖切方向及轴线一致。

(三)表明外墙的厚度及轴线的关系

轴线在墙中央还是偏心布置,墙上哪儿有突出变化,均应标注清楚。

(四)表明室内外地面处的节点构造

该节点包括基础墙厚度、室内外地面标高以及室内地面、踢脚或墙裙,室外勒脚、散水或明沟、台阶或坡道,墙身防潮层、首层内外窗台的做法等。

(五)表明楼层处的节点构造

该节点是指从下一层门或窗过梁到本层窗台部分,包括门窗过梁、雨罩、遮阳

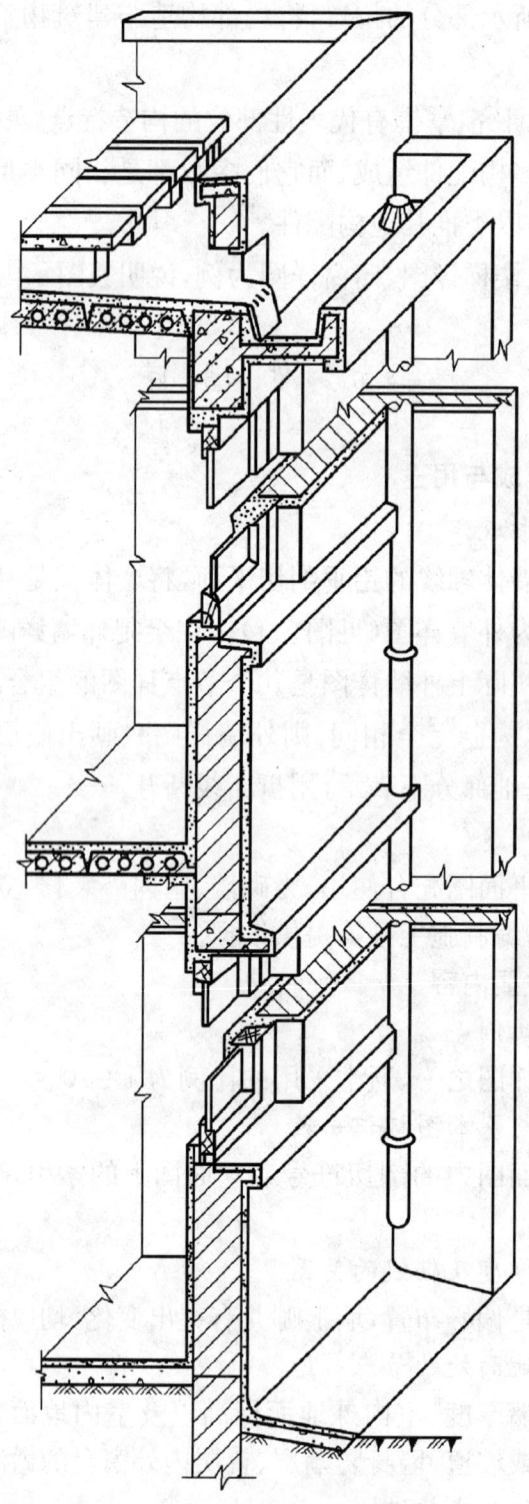

图 7-1 外墙详图的形成

板、楼板及楼面标高、圈梁、阳台板及阳台栏杆或栏板、楼面、室内踢脚或墙裙、楼层内外窗台、窗帘盒或窗帘杆、顶棚或吊顶、内外墙面做法等。当几个楼层节点完全相同时,可用一个图样表示,同时标有几个楼面标高。

(六)表明屋顶檐口处的节点构造

该节点是指从顶层窗过梁到檐口或女儿墙上皮部分,包括窗过梁、窗帘盒或窗帘杆、遮阳板、顶层楼板或屋架、圈梁、屋面、顶棚或吊顶、檐口或女儿墙、屋面排水天沟、下水口、雨水斗和雨水管等。

(七)尺寸与标高标注

外墙详图上的尺寸和标高标注方法与立面图和剖面图的注法相同。此外,还应标注挑出构件(如雨罩、挑檐板等)挑出长度的细部尺寸及挑出构件的下皮标高。

(八)文字说明和索引符号

对于不易表示的更为详细的细部做法,注有文字说明或索引符号,表明另有详图表示。

三、外墙详图的识读

图 7-2 为外墙详图,图号为"建-10"。图中有三个外墙详图,分别与"建-07"、"建-08"和"建-09"的索引符号相对应。以详图①为例,详图符号①表示从"建-07"图上索引而来。找到"建-07"南立面图,可看到剖切索引符号⑩,表示外墙详图 1 的剖切位置在Ⓐ轴窗洞处。

详图 1 的绘制比例为 1∶20,轴线编号为Ⓐ轴,与剖切位置相吻合。

墙体厚度为 300mm,轴线偏心布置,墙外侧距轴线 200mm,墙内侧距轴线 100mm,墙体材料为加气混凝土。

沿墙身高度,室外地坪相对标高为−0.45,外设宽度 900mm 的散水,散水坡度为 4%,散水的做法见 08BJ1-1 图集中"散 1"。

室内地面相对标高±0.00,地面做法为"地 12",踢脚做法为"踢 3D",窗台高 900mm,窗洞高 2.1m,洞口上为钢筋混凝土过梁,上方为钢筋混凝土梁板,二层楼面做法为"楼 12A-1",楼面相对标高为 3.9m,顶棚做法为"棚 2C"。二层、三层与首层做法相同。

女儿墙厚 240mm,墙高 1500mm,女儿墙压顶为钢筋混凝土压顶,内配三根 3 根 $\phi 6$ 的通长筋,分布筋为 $\phi 6@300$。

屋面做法为"平屋 4",泛水高度为 600mm,做法见 08BJ5-1 图集的第 4 页②详图。

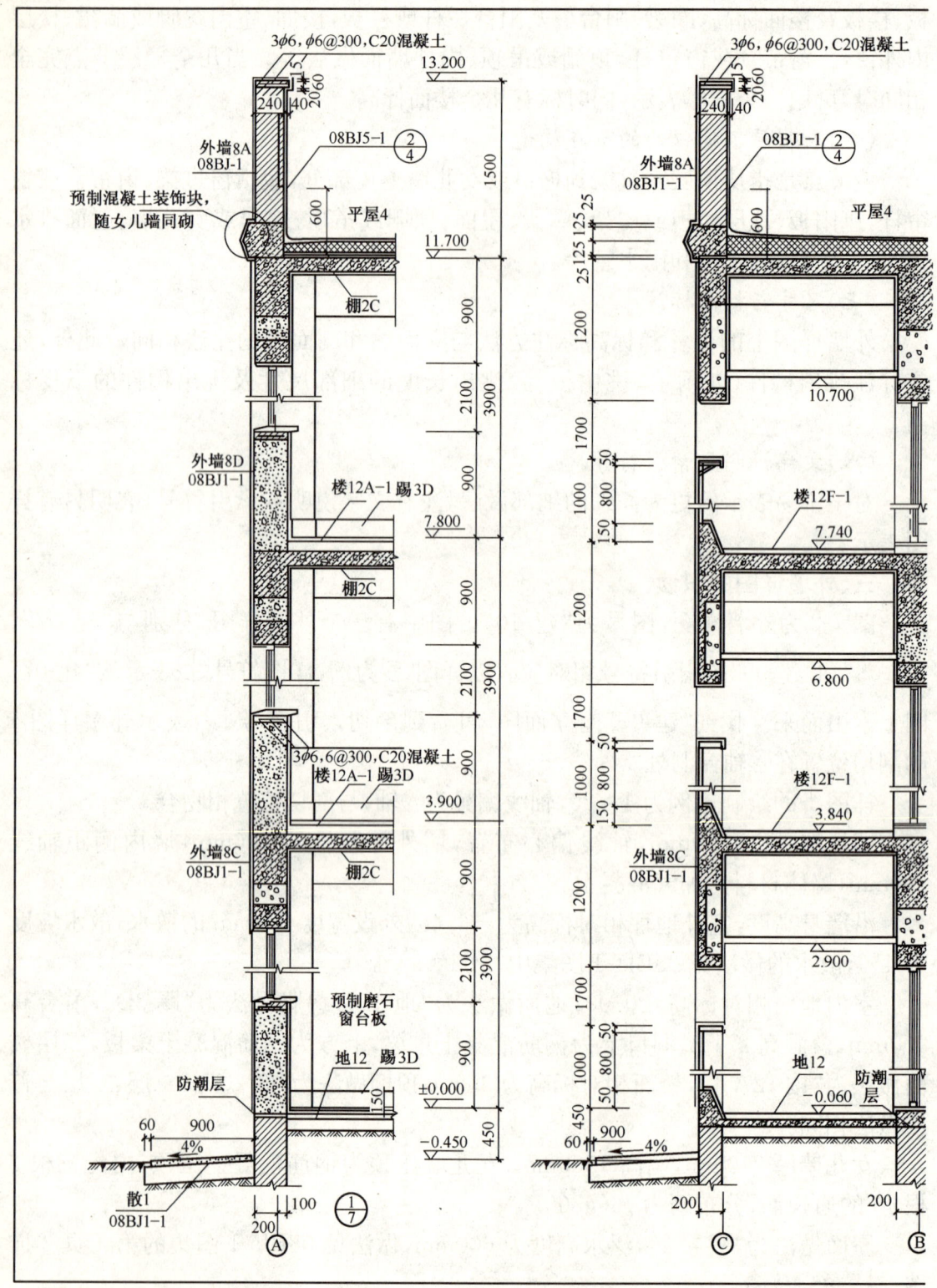

图 7-2

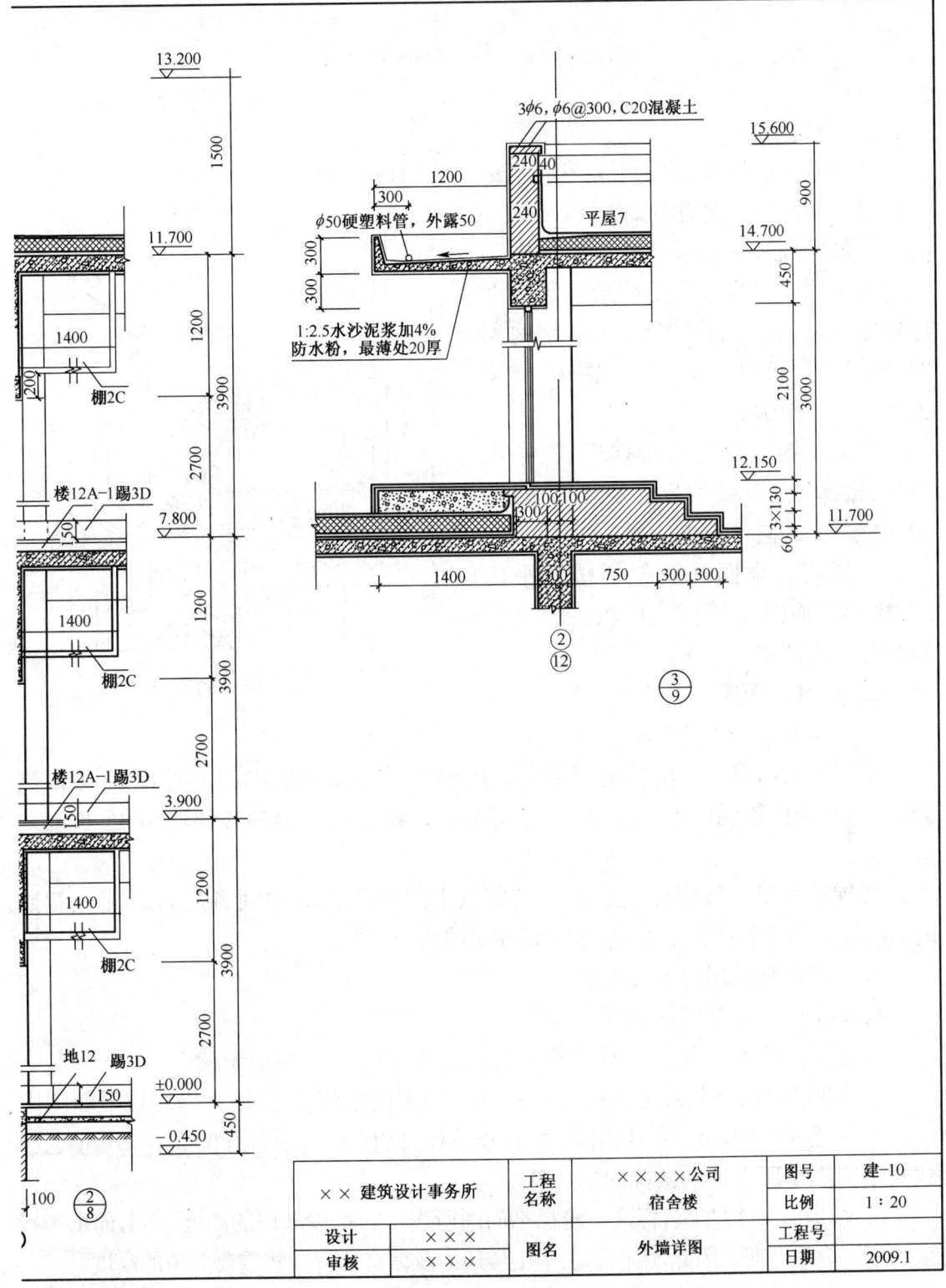

外墙详图

第三节 楼梯详图

一、概述

楼梯是由楼梯段、休息平台和栏杆或栏板组成(见图 7-3)。

楼梯详图一般分建筑详图和结构详图,并分别绘制,分别编入建筑施工图和结构施工图中。当楼梯的构造和装修都比较简单时,也可将建筑详图与结构详图合并绘制,或编入建筑施工图中,或编入结构施工图中。

楼梯详图主要表明楼梯形式、结构类型、楼梯间各部位的尺寸及装修做法,为楼梯的施工制作提供依据。

楼梯建筑详图一般包括楼梯平面图、楼梯剖面图及栏杆或栏板、扶手、踏步大样图等图样。

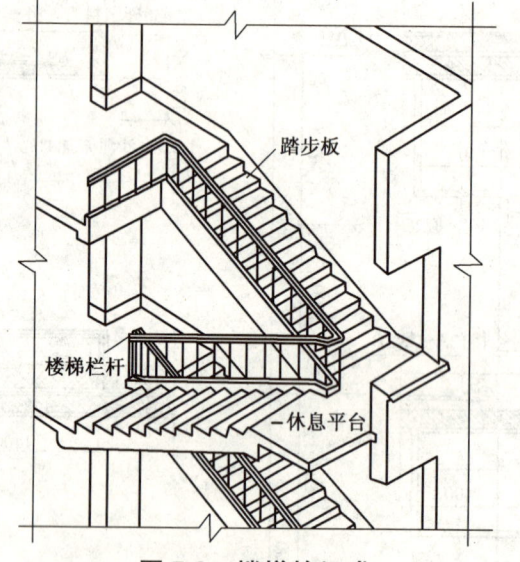

图 7-3 楼梯的组成

二、楼梯平面图

(一)楼梯平面图的形成

楼梯平面图是距每层楼地面 1m 以上(尽量剖到楼梯间的门窗)沿水平方向剖开,向下投影所得到的水平剖面图(见图 7-4)。各层被剖到的楼梯段用 45°折断线表示。

楼梯平面图一般应分层绘制。三层以上的建筑物的中间各层楼梯完全相同时,可用一个图样表示,同时标有中间各层的楼面标高。

(二)楼梯平面图的主要内容

楼梯平面图一般包括以下内容:

1. 图名与比例。通常楼梯平面图的比例为 1:50,以便于识读。

2. 轴线编号、开间及进深尺寸。楼梯平面图的轴线编号必须与建筑平面图中所表示的楼梯间的轴线编号相同,若编号不标,则代表通用。开间、进深尺寸也与建筑平面图中所表示的楼梯间的尺寸相等。

3. 楼地面及休息平台标高。楼梯平面图所表示的每一部位的高度不同,而水平投影图不能表示高度。因此,用标高表示出楼地面及休息平台这些重要部位的高度。

4. 楼梯段宽度及梯井宽度。

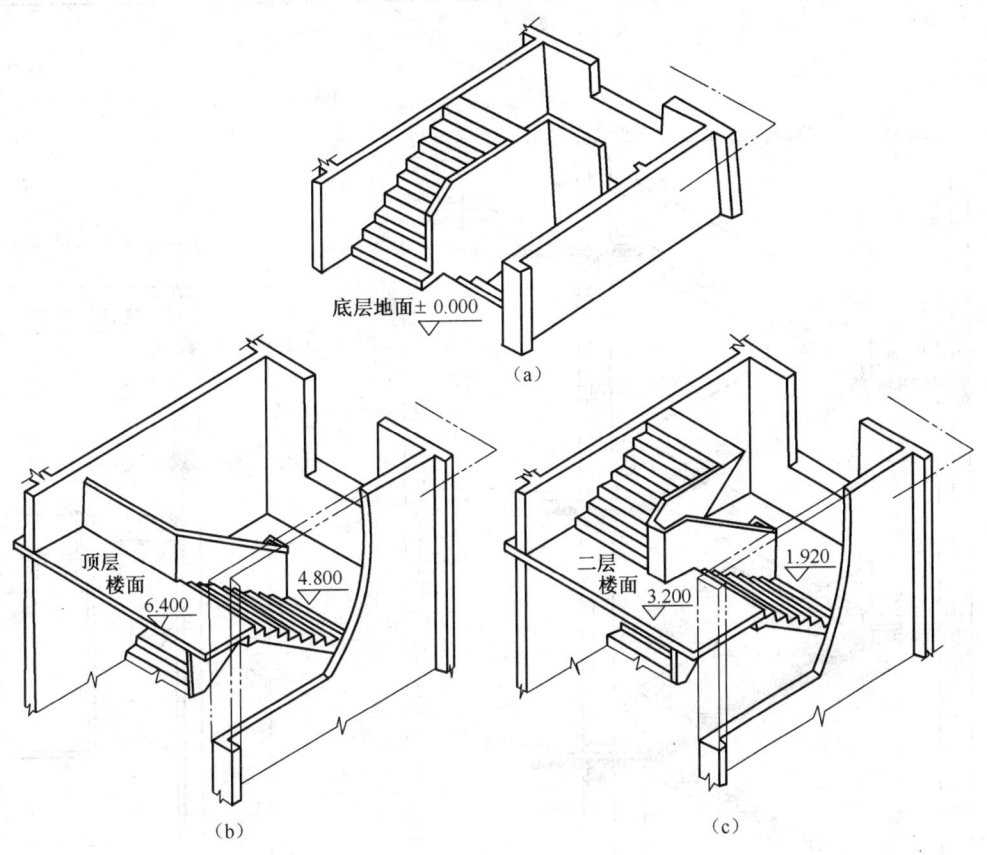

图 7-4 楼梯平面图的形成
(a)底层平面 (b)顶层平面 (c)二层平面

5. 楼梯段水平投影长度及休息平台宽度。楼梯段水平投影长度＝踏步宽×(踏步数－1),休息平台宽度≥楼梯段宽。

6. 楼梯走向。在楼梯段中部,用带箭头的细实线"→"表示楼梯走向,并注有"上"或"下"的字样。其中"上"或"下"均是相对该层楼地面而言,即以该层楼地面为起点,表示出某段楼梯是上还是下。

7. 楼梯间的墙体厚度,门窗、构造柱、垃圾道等的位置。

8. 索引符号。对于更为详细的细部做法,如踏步、扶手等,采用索引符号表示另绘有详图。

9. 剖切符号。在首层楼梯平面图用剖切符号表示楼梯剖面图的剖切位置、投影方向及剖面图的编号。

(三)楼梯平面图的识读

图 7-5 为楼梯详图,图号是建-11,包括楼梯平面图、楼梯剖面图及楼梯大样图。

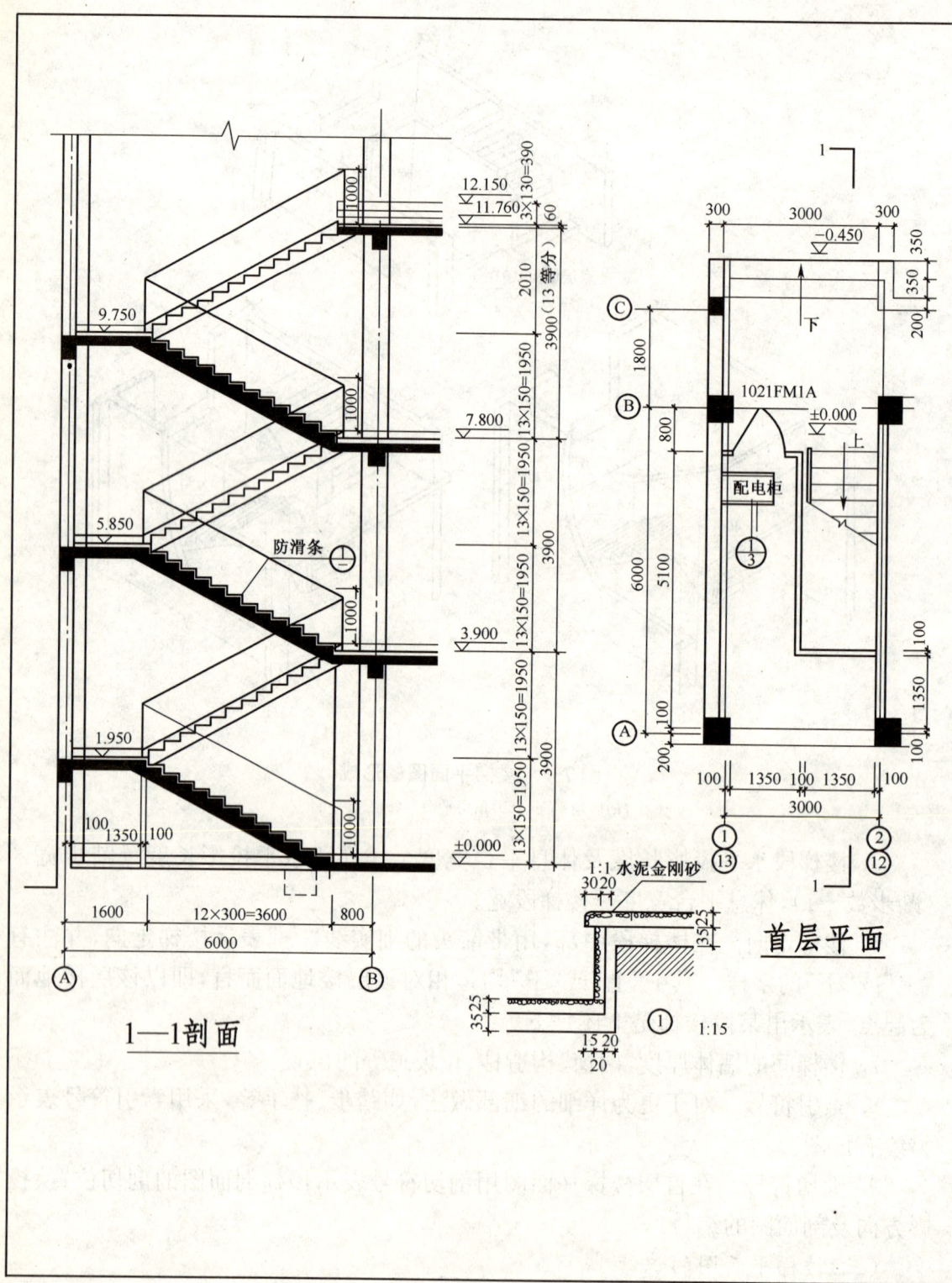

图 7-5

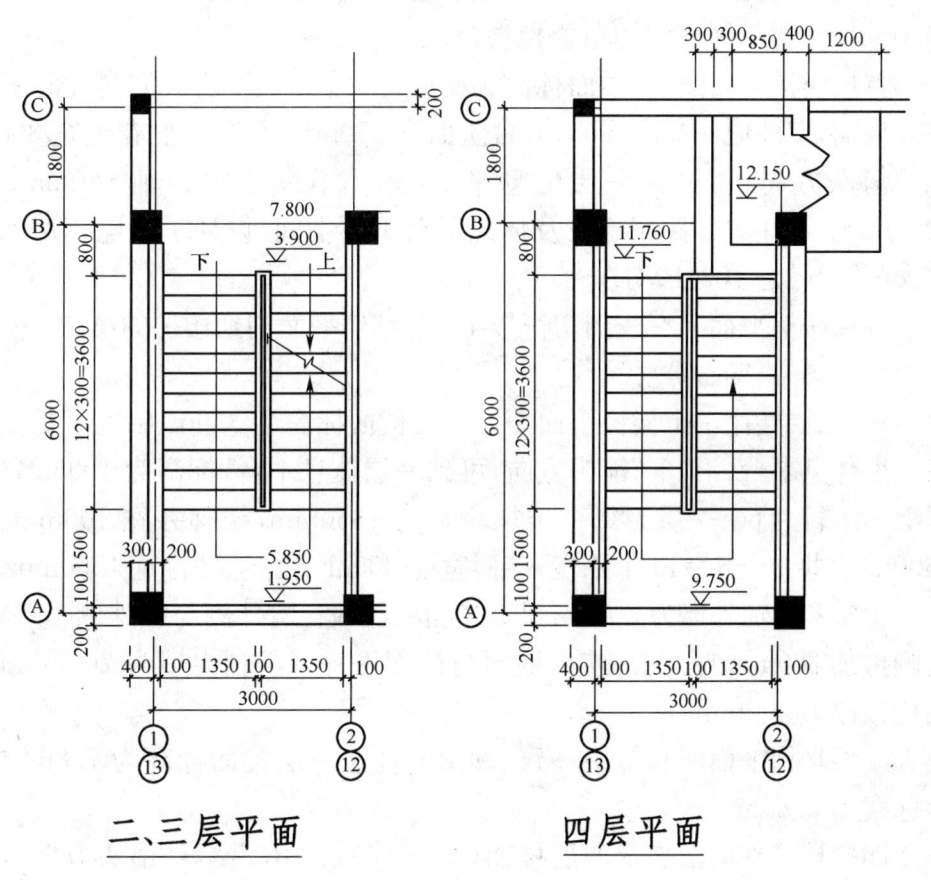

注：⑬⑫为1#楼梯反，1楼梯反无配电间及配电柜。

××建筑设计事务所		工程名称	×××公司宿舍楼	图号	建-11
				比例	1:50
设计	×××	图名	楼梯详图	工程号	200906
审核	×××			日期	2009.1

楼梯详图

楼梯平面图的绘制比例为1∶50。有一至四层平面图,其中二、三层共用一个平面图,楼梯的平面形式为双跑楼梯。

查看楼梯平面图:纵向定位轴线编号为Ⓐ、Ⓑ、Ⓒ,进深分别为6000mm、1800mm;横向定位轴线编号为①、②或⑬、⑫轴,代表两个楼梯间通用,开间为3000mm,与建筑平面图的布置相吻合。

首层楼梯平面图中,楼面标高为±0.00,沿着"下"箭头方向,经三步台阶可到室外地面,室外地面标高-0.45,台阶面宽350mm,台阶两侧花池宽300mm。沿着"上"箭头方向,可通往一层休息平台,第一节踏步距Ⓑ轴800mm。楼梯段宽1350mm。利用第二跑楼梯段及休息平台下方空间,设计了配电柜房间,房间门为防火门,代号是1021FM1A。

首层楼梯平面上有一剖切符号1—1,剖切平面剖到楼梯的第一、三、五跑,剖视方向是往第二、四、六跑投影。

二、三层共用一个楼梯平面图。二层楼面标高为3.9m,沿"上"箭头方向,可通往三层休息平台;沿"下"箭头方向,可到一层休息平台,标高为1.95m,经休息平台可继续下行,前往一层。每个楼梯段宽为1350mm,楼梯井宽100mm。楼梯段长3600mm,共12+1=13个踏步,踏面宽度300mm,休息平台宽1500mm。

①轴和Ⓐ轴外墙为300mm厚加气混凝土墙,墙外侧与柱外侧平齐。①轴外墙内侧再加200mm厚墙板,使内墙面与柱面平齐。②轴内墙为200mm厚墙板。Ⓒ轴栏板厚为200mm。

三层楼梯平面图和二层一致,读图时注意三层楼面标高为7.8m,二层休息平台标高为5.85m。

四层楼梯平面图表示四层楼面标高为11.76m,沿"下"箭头方向,经两个楼梯段可到三层,中间三层休息平台标高为9.75m。四层楼面处有水平栏杆。

由于四层仅有楼梯间,因此在②轴、⑫轴增设外墙,并在墙上各设置一扇上屋面的门,门口处有宽850mm的平台,标高为12.15m。对比四层楼面标高为11.76m,高出390mm,用三步台阶联系,台阶踏步宽300mm。

三、楼梯剖面图

(一)楼梯剖面图的形成

假设用一铅垂面将楼梯某一跑和门窗洞垂直剖开,向未剖到的另一跑方向投影,所得到的垂直剖面图就是楼梯剖面图(见图7-6)。剖切面所在位置表示在楼梯首层平面图上。

(二)楼梯剖面图的内容

楼梯剖面图重点表明楼梯间的竖向关系,具体内容包括:

1. 图名与比例。楼梯剖面图的图名与楼梯平面图中的剖切编号相同,比例也与楼梯平面图的比例相一致。

2. 轴线编号与进深尺寸。楼梯剖面图的轴线编号和进深尺寸与楼梯平面图的编号、尺寸相同。

3. 楼梯的结构类型和形式。钢筋混凝土楼梯有现浇和预制装配两种;楼梯段的受力形式又可分为板式和梁板式。

4. 建筑物的层数、楼梯段数及每段楼梯踏步个数和踏步高度(又称踢面高度)。

5. 室内地面、各层楼面、休息平台的位置、标高及细部尺寸。

6. 楼梯间门窗、窗下墙、过梁、圈梁等位置及细部尺寸。

7. 楼梯段、休息平台及平台梁之间的相互关系。若为预制装配式楼梯,则应写出预制构件代号。

8. 栏杆或栏板的位置及高度。

9. 投影后所看到的构件轮廓线,如门窗、垃圾道等。

10. 索引符号。

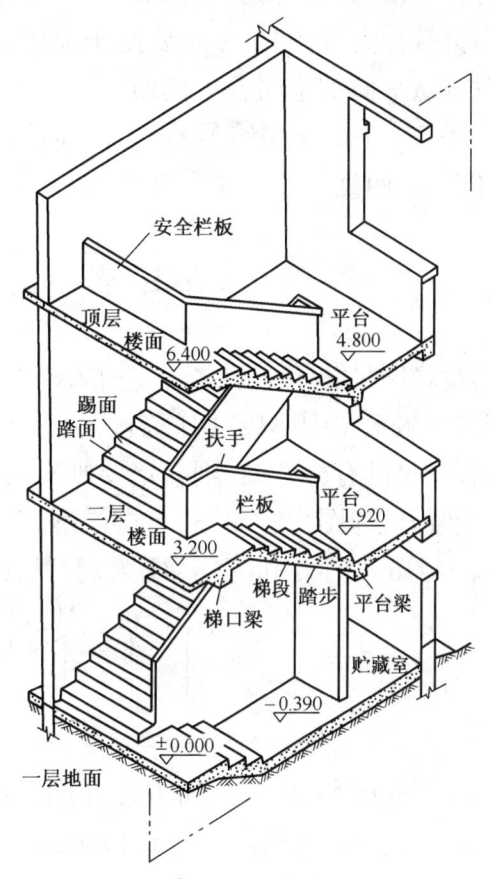

图 7-6 楼梯剖面图的形成

(三)楼梯剖面图的识读

图 7-5 中,首层楼梯平面上的剖切符号 1—1 表示,剖切平面剖到楼梯的第 1、3、5 跑,剖视方向是往第 2、4、6 跑投影。

1—1 剖面图中,第 1、3、5 跑涂黑,表示是剖到的,材料为钢筋混凝土;第 2、4、6 跑为看到的。每跑楼梯均有 13 步,踏面宽 300mm;踢面高度:1~5 跑为 150mm 高,第 6 跑为 2010mm 被 13 步均分。有三步踏步到出屋面平台,每个踏步高 300mm。楼梯栏杆高 1000mm,踏步防滑条做法在本页有详图表示。

四、楼梯大样图

楼梯大样图一般包括楼梯踏步、栏杆或栏板、扶手等详图。它们是根据索引符号画出的,采用较大比例绘制,如 1∶20、1∶5、1∶2 等,图形详尽,尺寸标注齐全,并配有文字说明,作为施工的依据。

阅读楼梯大样图时,一定要把平面图、剖面图与大样图对照看,三图互相补充,才能对其从平面到空间有个全面了解。

从图 7-5 中的索引符号看出,踏步防滑条详图画在本页图上,在同一张图纸上有该详图①,明确表示了防滑条做法。

第四节 门窗详图

门窗详图是建筑详图之一,一般多采用标准图或通用图。如果采用标准图或通用图,在施工图中,只注明门窗代号并说明该详图所在标准图集的编号,并不画出详图;如果没有标准图,则一定要画出门窗详图。

一般门窗详图由立面图、节点详图、五金表和文字说明四部分组成。

以 88J13-3 图集中 0720M1 为例,其代号含义为:

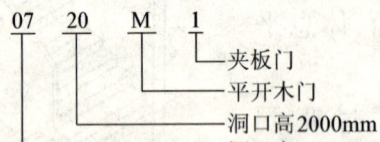

图 7-7 为 0720M1 木门加工尺寸图。靠近图形的第一道为门扇尺寸 620mm×1930mm;第二道尺寸为门框尺寸 676mm×1988mm,表格里的尺寸为洞口尺寸 700mm×2000mm,表示在图表中。

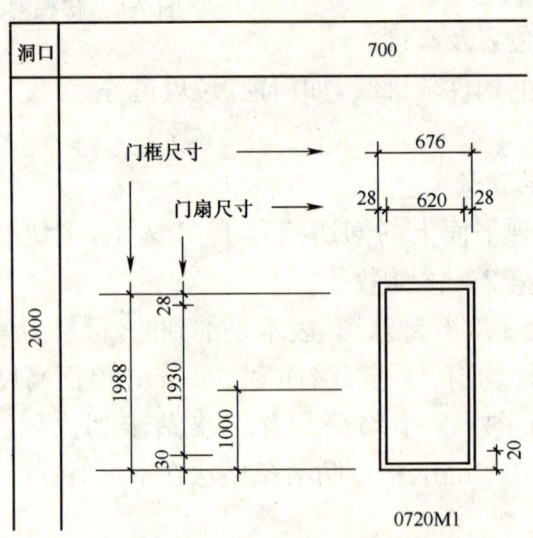

图 7-7 木门加工尺寸图

第八章 结构施工图简介

从前面介绍的建筑施工图中,可以了解建筑物的外形、内部布置、细部构造和内外装修等内容。但是,建筑物各承重构件如柱、梁、板等的布置、结构等内容还是空白,需要通过结构施工图表示出来。因此,除建筑施工图外,还要有结构施工图,它属于一整套施工图中的第二部分图。

在结构施工图中,结构设计总说明放在最前面,内容包括地基土质、所用材料等(见图8-1)。

第一节 结构施工图的内容与作用

一、结构施工图的内容

结构施工图主要表示建筑物的承重构件(如基础、承重墙、柱、梁、板、屋架、屋面板等)的布置、形状、尺寸大小、数量、材料、构造及其相互关系。

结构施工图的图样一般包括基础图、结构平面布置图和结构详图等。

二、结构施工图的作用

结构施工图主要作为施工放线,开挖基槽,立模板,绑扎钢筋,浇注混凝土,安装柱、梁、板等构件及编制施工预算,进行施工备料和做施工组织计划等的依据。

第二节 建筑结构施工图平面整体表示设计方法简介

建筑结构施工图平面整体表示设计方法(简称平法)是把结构构件的尺寸和配筋等,按照平面整体表示法制图规则,整体直接表达在各类构件的结构平面布置图上,再与标准构造详图相配合,即构成一套新型完整的结构设计。平法的推广应用是我国结构施工图表示方法的一次重大改革。

平法自推广以来,先后推出96G101、00G101、03G101-1共三套图集。目前,最新出版的是03G101-1。此图集从2003年2月15日起执行。

一、平法设计的意义

概括来讲,平法的表达形式,是把结构构件的尺寸和配筋等,按照平面整体表示方法制图规则,整体直接表达在各类构件的结构平面布置图上,再与标准构造详图相配合,即构成一套新型完整的结构设计。

结构设计说明

一、工程概况

本工程为××××公司宿舍楼,共三层(两端四层),采用全现浇钢筋混凝土框架结构。基础采用柱下独立基础。

二、工程地质概况

从工程地质勘探资料可知:本工程地质条件较为简单,表层0.40m厚的人工填土;耕植土沉积层(黏质粉土、砂质粉土层夹粉质黏土层等)6~6.5m厚;第四纪沉积层砂质粉土层,夹粉质黏土层,粉质黏土重粉质黏土层,黏质粉土砂质粉土层。新近沉积层的黏质粉土砂质粉土层,为本工程的持力层,承载力标准值为150kPa。此土层内局部夹有粉质黏土层,应进行清除处理;其下有软弱层(粉质黏土层),承载力标准值为120kPa。根据地质报告,本场地土类型为中软,本工程场地土类别为三类。

三、本工程抗震设防烈度为8度,框架抗震等级为二级。

四、地基及基础

基坑开挖至设计标高以上200mm时须停止开挖,普遍钎探,并会同建设单位勘察,设计及施工单位和有关部门共同验槽后人工清除剩余的200mm厚土层,避免扰动持力层。清槽后应尽快浇灌混凝土垫层,并进行基础施工。

五、钢筋混凝土部分

(一)材料

结构部位	混凝土强度等级	钢筋级别	备注
柱基础	C30	ⅠⅡ级	
框架柱	C30	ⅠⅡ级	
框架梁	C30	ⅠⅡ级	
楼板 楼梯	C30	ⅠⅡ级	
垫层	C10		
构造柱	C20	ⅠⅡ级	

(二)钢筋的混凝土保护层厚度

梁、柱主筋　　25mm

楼板　　　　　15mm(板厚>100mm)

　　　　　　　10mm(板厚≤100mm)

图8-1　结

(三)本套图中梁、柱钢筋均采用平法表示,构造要求按照图集《混凝土结构施工图平面整体表示方法制图规则和构造详图》(03G101-1)执行。

(四)板上开洞不得后凿,必须预留。除洞口有附加筋外,板筋遇洞口绕开而不得截断。在浇混凝土前经检查符合设计要求后,方可浇混凝土。

六、砌体部分

(一)本工程填充墙均为轻质砌块,不作承重墙,有关轻质砌块的技术要求详见建筑图。

(二)当围护墙或间隔墙的水平长度大于5米而墙端部没有钢筋混凝土柱时,应在墙端设构造柱,墙中设构造柱;当围护墙或间隔墙的水平长度大于7米时,应在墙端设构造柱,墙中间加设两根构造柱。此构造柱的顶、柱脚应在主体结构中预埋短竖筋4ϕ12,钢筋搭接长度40d,先砌墙,后浇注;柱的混凝土强度等级为C20,竖筋用4ϕ12,箍筋用ϕ6@200。墙与柱的拉结筋应在砌墙时预埋。

(三)钢筋混凝土柱与砌体的连结应沿钢筋混凝土柱的高度每隔500预埋2ϕ6钢筋,锚入混凝土柱内200,外伸1000或至洞边。

(四)砌体内的门洞、窗洞或设备留孔,其洞顶均设过梁。梁宽同墙宽,梁高为1/8洞宽且不小于120。洞宽小于1500时,下部筋2ϕ12,架立筋2ϕ10;洞宽小于3000时,下部筋2ϕ16,架立筋2ϕ12,箍筋均为ϕ6@200,梁支承长度大于250。当洞顶距结构梁底的高度小于上述过梁高度时,结构梁底应设吊顶,板厚同墙厚,吊板内设ϕ6@200钢筋,双排双向锚入结构梁内>35d。

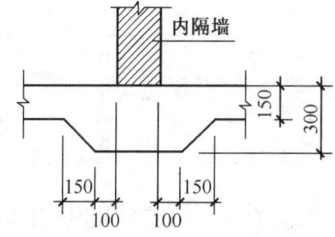

(五)内隔墙基础做法见右图。

(六)屋顶女儿墙构造柱做法:在框架柱位置、次梁与框架交接处均设构造柱,构造柱截面尺寸为200×200。有关要求与(二)同。

七、其他

本说明及图中未注明的,均按有关规范执行,不再重述。

××建筑设计事务所	工程名称	××××公司宿舍楼	图号	结-01
			比例	
设计	×××	图名	工程号	200906
审核	×××	结构设计说明	日期	2009.1

二、平法设计的注写方式

在平面布置图上表示各构件尺寸和配筋的方式,分平面注写方式、列表注写方式和截面注写方式三种。

按平法设计绘制结构施工图时,应将所有柱、墙、梁构件进行编号,并用表格或其他方式注明各结构层楼(地)面标高、结构层高及相应的结构层号。

(一)柱平法施工图

柱平法施工图系在柱平面布置图上采用列表方式或截面注写方式表达。截面注写方式是在分标准层绘制的柱平面布置图上,分别在同一编号的柱中选择一个截面,并将此截面在原位放大,以直接注写截面尺寸和配筋具体数值。柱表注写的内容有:

1. 注写柱编号:柱编号由类型编号和序号组成。编号方法如柱编号表 8-1 所示。

表 8-1 柱编号

柱类型	代号	序号	柱类型	代号	序号
框架柱	KZ	××	梁上柱	LZ	××
框支柱	KZZ	××	剪力墙上柱	QZ	××

2. 注写各段柱的起止标高:自柱根部往上以变截面位置或截面未变但配筋改变处为界分段注写。

3. 注写截面尺寸 $b \times h$ 及轴线关系的几何参数代号 $b1$、$b2$ 和 $h1$、$h2$ 的具体数值须对应于各段柱分别注写。

4. 注写柱纵筋:包括钢筋级别、直径和间距,分角筋、截面 b 边中部筋和 h 边中部筋三项。

(二)梁平法施工图

梁平法施工图系在梁平面布置图上采用平面注写方式或截面注写方式表达。平面注写方式系在梁平面布置图上,分别在不同编号的梁中各选一根梁,在其上注写截面尺寸和配筋具体数值的方式来表达梁平法施工图。

梁的平面注写包括集中标注与原位标注。集中标注表达梁的通用数值,原位标注表达梁的特殊数值。

1. 集中标注。梁集中标注的内容有五项必注值及一项选注值,规定如下:

第一项:梁编号(见表 8-2)。

第二项:梁截面尺寸 $b \times h$(宽×高)。

第三项:梁箍筋,包括钢筋级别、直径、加密区与非加密区间距及肢数。

第四项:梁上部通长筋或架立筋。

表 8-2 梁编号

梁类型	代号	序号	跨数及是否带有悬挑
楼层框架梁	KL	XX	(XX)、(XXA)或(XXB)
屋面框架梁	WKL	XX	(XX)、(XXA)或(XXB)
框支架	KZL	XX	(XX)、(XXA)或(XXB)
非框架梁	L	XX	(XX)、(XXA)或(XXB)
悬挑梁	XL	XX	
井字梁	JZL	XX	(XX)、(XXA)或(XXB)

第五项:梁侧面纵向构造钢筋或受扭钢筋。

第六项:梁顶面标高高差(该项为选注)。

2. 原位标注。原位标注内容包括梁支座上部纵筋(该部位含通长筋在内所有纵筋)、梁下部纵筋、附加箍筋或吊筋、集中标注不适合于某跨时标注的数值。

(1)梁支座上部纵筋。

①当上部纵筋多于一排时,用斜线"/"将各排纵筋自上而下分开。

②当同排纵筋有两种直径时,用加号"+"将两种直径相连,注写时将角部纵筋写在前面。

③当梁中间支座两边的上部纵筋不同时,须在支座两边分别标注。

(2)梁下部纵筋。

①当下部纵筋多于一排时,用斜线"/"将各排纵筋自上而下分开。

②当同排纵筋有两种直径时,用加号"+"将两种直径的纵筋相连,注写时角筋写在前面。

③当梁下部纵筋不全部伸入支座时,将梁支座下部纵筋减少的数量写在括号内。

④当已按规定注写了梁上部和下部均为通长的纵筋值时,则不需在梁下部重复做原位标注。

(3)附加箍筋或吊筋。附加箍筋和吊筋可直接画在平面图中的主梁上,用线引注总配筋值。当多数附加箍筋或吊筋相同时,可在梁平法施工图上统一注明,少数与统一注明值不同时,再原位引注。

(4)当在梁上集中标注的内容不适用于某跨或某悬挑部分时,则将其不同数值原位标注在该跨或该悬挑部位,施工时应按原位标注数值取用。

实例如图 8-2。

集中标注表示:框架梁 KL2 为框架梁编号;2A 表示两跨,一端有悬挑;截面为 300mm×650mm,即梁截面宽 300mm,长 650mm;箍筋为Ⅰ级钢筋,直径 8mm,加

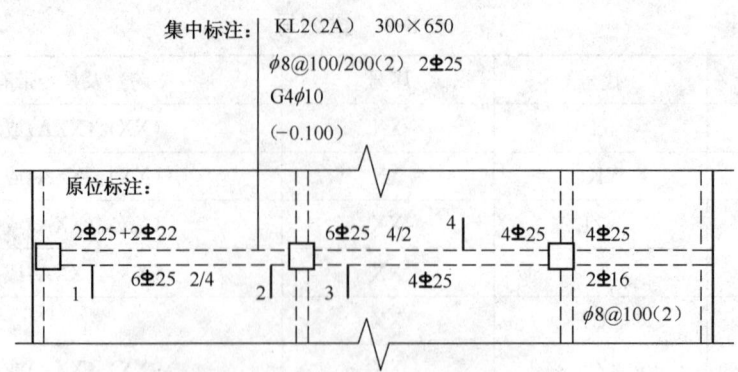

图 8-2 梁集中标注和原位标注

密区间距为 100mm，非加密区间距为 200mm，均为双肢箍；上部通长筋为 2 根直径 25 的Ⅱ级钢筋；G4φ10 表示梁两侧共配置 4 根直径为 10mm 的Ⅰ级纵向构造钢筋，每侧两根。

原位标注表示：支座 1 上部纵筋共四根，2 根直径 25 的Ⅱ级钢筋放角部，2 根直径 22 的Ⅱ级钢筋放中间；支座 2 两边上部纵筋为 6 根直径 25 的Ⅱ级钢筋分两排，上一排为 4 根，下一排为 2 根；以后类推。

第三节 钢筋混凝土结构基本知识

钢筋混凝土结构是指建筑物全部承重构件是由钢筋、混凝土两种受力性能不同的材料组成的结构。建筑物的墙体采用砖承重，屋面、楼面、楼梯等采用钢筋混凝土承重，这种结构称为砖混结构。

一、常用构件代号

建筑物承重构件种类繁多，如梁、板、柱等。为了图示简明扼要，便于施工、查阅，在结构施工图中，各种承重构件名称用代号表示。构件代号一般采用该构件名称的汉语拼音第一个字母表示。常用构件的代号见表 8-3。

表 8-3 常用构件代号

序号	名 称	代号	序号	名 称	代号	序号	名 称	代号
1	板	B	8	盖板	GB	15	吊车梁	DL
2	屋面板	WB	9	挡雨板	YB	16	单轨吊车梁	DDL
3	空心板	KB	10	吊车安全道板	DB	17	轨道连接	DGL
4	槽形板	CB	11	墙板	QB	18	车挡	CD
5	折板	ZB	12	天沟板	TGB	19	圈梁	QL
6	密肋板	MB	13	梁	L	20	过梁	GL
7	楼梯板	TB	14	屋面梁	WL	21	过系梁	LL

续表 8-3

序号	名称	代号	序号	名称	代号	序号	名称	代号
22	基础梁	JL	33	支架	ZJ	44	水平支撑	SC
23	楼梯梁	TL	34	柱	Z	45	梯	T
24	框架梁	KL	35	框架柱	KZ	46	雨篷	YP
25	框支梁	KZL	36	构造柱	GZ	47	阳台	YT
26	屋面框架梁	WKL	37	承台	CT	48	梁垫	LD
27	檩条	LT	38	设备基础	SJ	49	预埋件	M
28	屋架	WJ	39	桩	ZH	50	天窗端壁	TD
29	托架	TJ	40	挡土墙	DQ	51	钢筋网	W
30	天窗架	CJ	41	地沟	DG	52	钢筋骨架	G
31	框架	KJ	42	柱间支撑	ZC	53	基础	J
32	刚架	GJ	43	垂直支撑	CC	54	暗柱	AZ

注：1. 预制钢筋混凝土构件、现浇钢筋混凝土构件、钢构件和木构件，一般可直接采用本表中的构件代号。在设计中，当需要区别上述构件种类时，应在图纸上加以说明。

2. 预应力钢筋混凝土构件代号，应在构件代号前加注"Y—"，如 Y－DL 表示预应力钢筋混凝土吊车梁。

二、钢筋有关知识

（一）常用钢筋符号

钢筋按其强度和品种分成不同等级。在结构施工图中，为了便于标注与识别，每一类钢筋都用一个符号表示。常用钢筋符号见表 8-4。

表 8-4 常用钢筋符号

钢筋等级	钢号或外形	符号
Ⅰ	3号光圆钢筋	ϕ
Ⅱ	20锰硅月牙肋钢筋	Φ
Ⅲ	25锰硅月牙肋钢筋	Φ
Ⅳ	等高肋	Φ
冷拉Ⅰ级钢筋		ϕ^l
冷拔低碳钢丝		ϕ^b

（二）钢筋的标注方法

钢筋的直径、根数或相邻钢筋中心距一般采用引出线的方式标注。常用钢筋的标注方法有以下两种：

1. 标注钢筋的根数和直径。

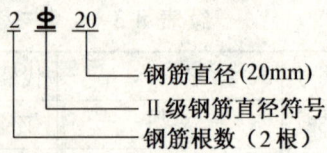

2. 标注钢筋的直径和相邻钢筋中心距。

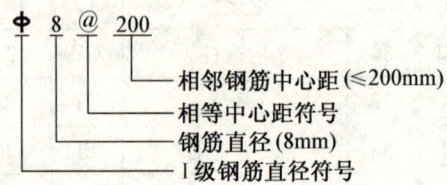

(三)常见钢筋图例

在结构施工图中,钢筋的图线用粗实线画出,断面图中钢筋用小黑点表示其横截面,其余图线用中实线或细实线画出。在施工图中,钢筋的端部形状、两根钢筋的搭接及钢筋的配置图例见表8-5和表8-6。

表8-5 钢筋的端部形状及搭接

序号	名 称	图 例	说 明
1	钢筋横断面	·	
2	无弯钩的钢筋端部	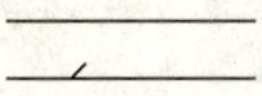	下图表示长短钢筋投影重叠时可在短钢筋的端部用45°短划线表示
3	带半圆形弯钩的钢筋端部		
4	带直钩的钢筋端部		
5	带丝扣的钢筋端部		
6	无弯钩的钢筋搭接	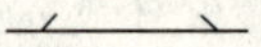	
7	带半圆弯钩的钢筋搭接		
8	带直钩的钢筋搭接		
9	套管接头(花篮螺丝)	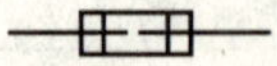	

表8-6 钢筋的配置

序号	说 明	图 例
1	在平面图中配置双层钢筋时,底层钢筋弯钩应向上或向左,顶层钢筋则向下或向右	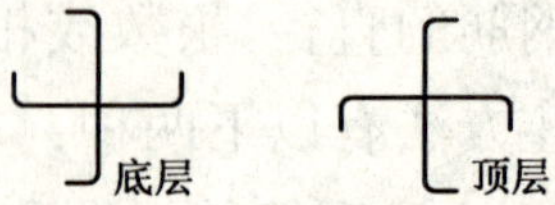 底层 顶层

续表 8-6

序号	说　　明	图　　例
2	配双层钢筋的墙体,在配筋立面图中,远面钢筋的弯钩应向上或向左,而近面钢筋则向下或向右 (GM:近面;YM:远面)	
3	如在断面图中不能表示清楚钢筋布置,应在断面图外面增加钢筋大样图	
4	图中所表示的箍筋、环筋,如布置复杂,应加画钢筋大样及说明	
5	每组相同的钢筋、箍筋或环筋,可以用粗实线画出其中一根来表示,同时用一横穿的细线表示其余的钢筋、箍筋或环筋,横线的两端带斜短划表示该号钢筋的起止范围	

(四)钢筋的名称与作用

配置在钢筋混凝土结构中的钢筋(见图 8-3)按其所起的不同作用,可分为:

1. 受力筋。承受拉、压应力的钢筋。在梁、板中,主要承受拉力;在柱中主要承受压力。

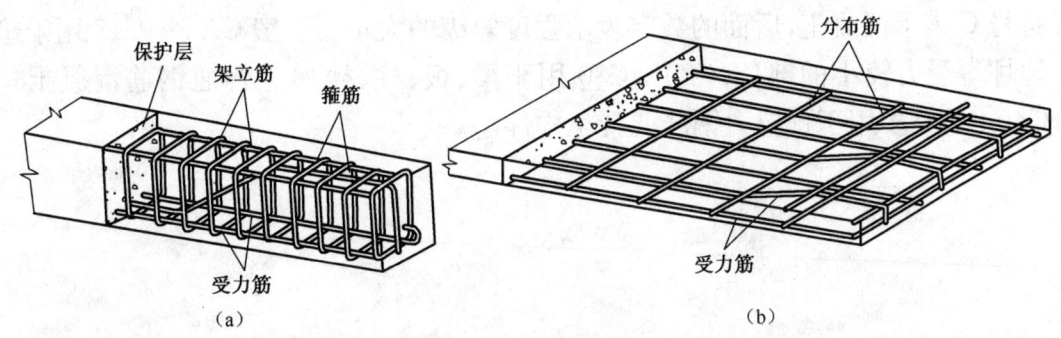

图 8-3　钢筋混凝土梁、板配筋示意图
(a)梁　(b)板

2. 箍筋。多用于梁和柱内,用来固定受力筋的位置,承受剪力、扭矩的钢筋。

3. 架立筋。多用于梁内,与受力筋、箍筋共同构成钢筋骨架。

4. 分布筋。用于板内,与板的受力筋垂直布置,固定受力筋的位置,并与受力筋共同构成骨架。

当受力钢筋为Ⅰ级钢筋时,钢筋的端部设弯钩,以加强与混凝土的握裹力;如果是带肋钢筋,端部不必设弯钩。

5. 支座筋。用于板内,布置在板的四周。

(五)钢筋的混凝土保护层

为防止钢筋锈蚀,加强钢筋与混凝土的粘结力,在构件中的钢筋外缘到构件表面应保持一定的厚度,该厚度称为保护层。保护层的厚度应查阅设计说明。当设计无具体要求时,保护层厚度应不小于钢筋直径,并应符合表8-7的要求。

表8-7　钢筋的混凝土保护层厚度　　　　　　　　(mm)

环境与条件	构件名称	混凝土强度等级		
		低于C25	C25及C30	高于C30
室内正常环境	板、墙、壳	15		
	梁和柱	25		
露天或室内高湿度环境	板、墙、壳	35	25	15
	梁和柱	45	35	25
有垫层	基础	35		
无垫层		70		

三、混凝土强度等级

我国《混凝土结构设计规范》(GB 50010—2002)规定,混凝土强度等级分为14级:C7.5、C10、C15、C20、C25、C30、C35、C40、C45、C50、C55、C60、C70和C80。其中:符号C表示混凝土,后面的数字表示强度等级的大小。一般C7.5~C15用于垫层、地坪等受力较小的部位;C20~C30用于梁、板、柱、楼梯等普通钢筋混凝土构件;C40~C80多用于预应力钢筋混凝土构件。

第九章 建筑物基础图

第一节 建筑物基础的有关知识

一、建筑物基础

基础是建筑物埋在地面以下的承重构件,承受上部建筑物传递下来的全部荷载,并将荷载传给下面的土层。

二、建筑物地基

地基是基础下面的土层,承受基础传来的全部荷载。

三、常见的建筑物基础形式

常见的建筑物基础形式有条形基础(见图 9-1)、独立基础(见图 9-2)和板式基础。板式基础又称为满堂红基础(见图 9-3)。

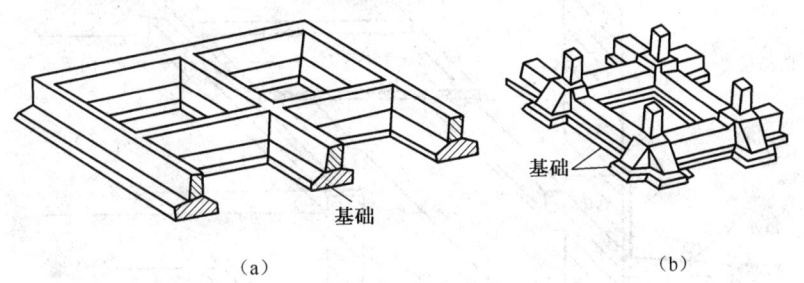

图 9-1 条形基础

(a)墙下条形基础 (b)柱下条形基础

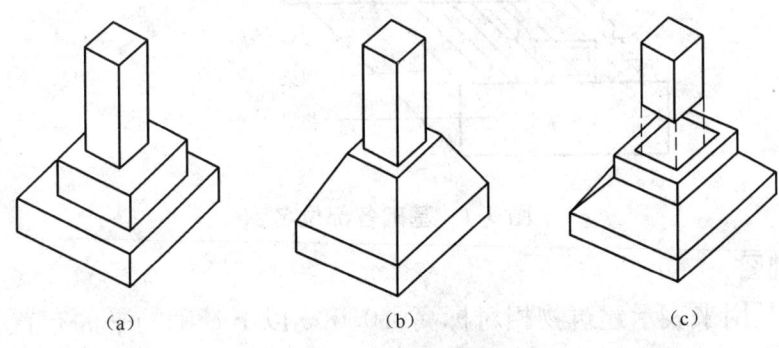

图 9-2 独立基础

(a)阶梯形 (b)锥台形 (c)杯形

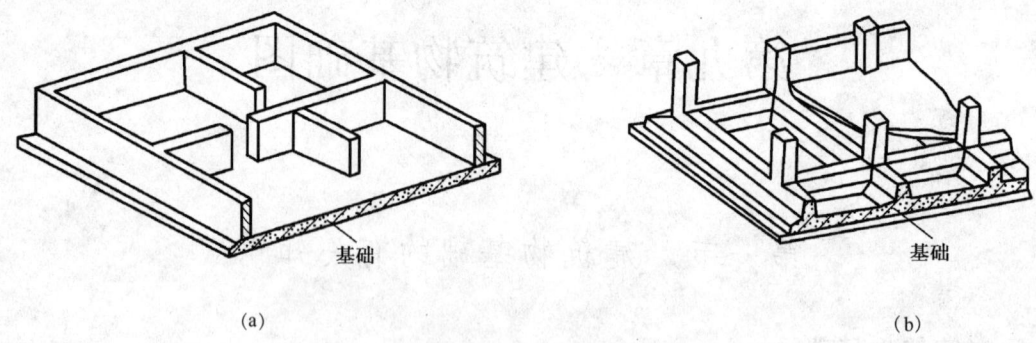

图 9-3 板式基础
(a)无梁式 (b)有梁式

以条形基础为例,基础各部位名称如图 9-4 所示。

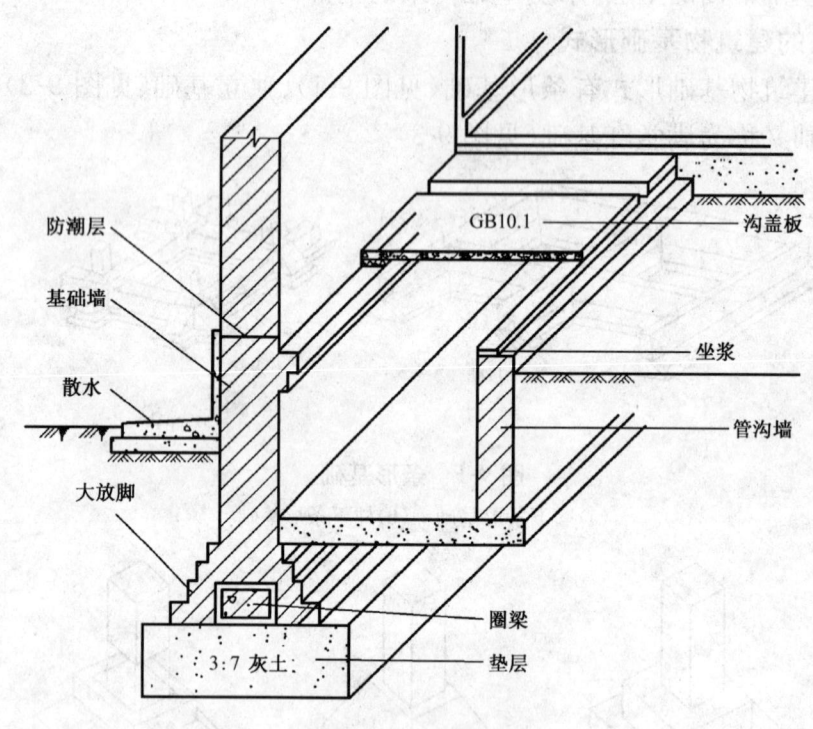

图 9-4 基础各部位名称

四、基础图

基础图是用来表示建筑物相对标高±0.000以下基础的平面布置、类型和详细构造的图样。基础图通常包括基础平面图、基础详图和说明三部分,为施工放线、开挖基槽或基坑和砌筑基础提供依据。

第二节　建筑物基础平面图

一、建筑物基础平面图的形成

建筑物基础平面图是假设一个水平剖切面在相对标高±0.000处将建筑物剖开，移去上面部分后所作的水平投影图。

二、基础平面图的图示特点

1. 在基础平面图中，只画出基础墙（或柱）及基础底面的轮廓线，其他细部轮廓线都省略不画，如大放脚就不表示。这些细部的形状和尺寸在基础详图中表示。

2. 由于基础平面图实际上是水平剖面图，故剖到的基础墙、柱的边线用粗实线画出；基础边线用中实线画出；在基础内留有的孔、洞及管沟位置用虚线画出。

3. 断面剖切符号。凡基础截面形状、尺寸不同时，即基础宽度、墙体厚度、大放脚、基底标高及管沟做法等不同，均标有不同的断面剖切符号，表示画有不同的基础详图。根据断面剖切符号的编号可以查阅基础详图。

4. 不同类型的基础、柱分别用J-1、J-2……Z-1、Z-2……表示。

三、基础平面图的主要内容

基础平面图主要表示基础墙、柱、留洞及构件布置等平面位置关系，包括以下内容：

1. 图名和比例。基础平面图的比例应与建筑平面图相同。常用比例为1∶100、1∶200。

2. 基础平面图应标出与建筑平面图相一致的定位轴线及其编号和轴线之间的尺寸。

3. 基础的平面布置。基础平面图应反映基础墙、柱、基础底面的形状、大小及基础与轴线的尺寸关系。

4. 管沟的位置及宽度，管沟墙及沟盖板的布置。

5. 基础梁的布置与代号。不同形式的基础梁用代号JL1、JL2……表示。

6. 基础的编号、基础断面的剖切位置和编号。

7. 施工说明。用文字说明地基承载力及材料强度等级等。

第三节　建筑物基础详图

一、基础详图的形成

基础详图是用较大的比例画出的基础局部构造图，用以表达基础的细部尺寸、截面形式与大小、材料做法及基础埋置深度等。

对于条形基础,基础详图就是基础的垂直断面图;对于独立基础,应画出基础的平面图、立面图和断面图。

二、图示特点

不同构造的基础应分别画出其详图,当基础构造相同仅部分尺寸不同时,也可用一个详图表示,但需标出不同部分的尺寸。基础断面图的边线一般用粗实线画出,断面内应画出材料图例;若是钢筋混凝土基础,则只画出配筋情况,不画出材料图例。

三、主要内容

基础详图主要表示以下内容:

1. 图名与比例。
2. 轴线及其编号。
3. 基础的详细尺寸,基础墙的厚度,基础的宽、高,垫层的厚度等。
4. 室内外地面标高及基础底面标高。
5. 基础及垫层的材料、强度等级、配筋规格及布置。
6. 防潮层、圈梁的做法和位置。
7. 施工说明等。

第四节 建筑物基础图的识读

阅读基础图时,首先看基础平面图,再看基础详图。

一、基础平面图识图步骤

1. 轴线网。对照建筑平面图查阅轴线网,二者必须一致。
2. 基础墙的厚度、柱的截面尺寸。它们与轴线的位置关系。
3. 基础底面尺寸。对于条形基础,基础底面尺寸就是指基础底面宽度;对于独立基础,基础底面尺寸就是指基础底面的长和宽。
4. 管沟的宽度及分布位置。
5. 墙体留洞位置。
6. 断面剖切符号。阅读剖切符号明确基础详图的剖切位置及编号。

二、基础详图识图步骤

1. 看图名、比例。图名常用1—1、2—2……或基础代号表示,常用比例为

1∶20、1∶50。

2. 从基础的图名或代号和轴线编号,对照基础平面图,依次查阅,确定基础所在位置。

3. 看基础的断面形式、大小、材料以及配筋。

4. 看基础断面图中基础梁的高、宽尺寸或标高以及配筋。

5. 看基础断面图的各部分详细尺寸。注意大放脚的做法、垫层厚度,圈梁的位置和尺寸、配筋情况等。这些是基础施工的重要依据。

6. 看防潮层位置及做法。了解防潮层与正负零之间的距离及所用材料。

7. 阅读标高尺寸。通过室内外地面标高及基础底面标高,可以计算出基础的高度和埋置深度。

三、识读实例

图9-5为基础配筋图,图号为结-02。基础平面轴线布置及轴线编号与建筑平面图一致。

基础分布在各条轴线上,为独立基础。沿Ⓐ、Ⓑ轴各有2个代号为DJ_P01的独立基础、4个代号为DJ_P02的独立基础。独立基础通常为单柱独立基础,也可为多柱独立基础。DJ_P01就是一双柱独立基础。基础底面长7800mm、宽5000mm。基础的代号含义如下:

DJ_P01表示坡形截面普通独立基础,编号为01。

350/400表示基础截面竖向尺寸$h_1=350$mm、$h_2=400$mm。

B表示基础底部。

X:Φ16@150表示X方向配筋。

Y:Φ16@150表示Y方向配筋。

本页另有详图表示其各部尺寸、配筋和标高。

基础之间用基础梁来联系,横向基础梁的代号为JL01(1),共8根、纵向基础梁的代号为JL02(7),共2根。基础梁的代号含义如下:

JL02(7)中:JL表示基础梁、02表示梁编号、(7)表示梁有7跨,从①轴至⑬轴。

300×750表示梁的截面尺寸$b×h=300$mm$×750$mm。

ϕ10@200(2)表示箍筋为Ⅰ级钢筋,直径10mm,间隔为200mm,双肢箍。

B:4Φ25;T:4Φ25表示梁上部配置4Φ25的通长筋,下部钢筋配置4Φ25的通长筋。

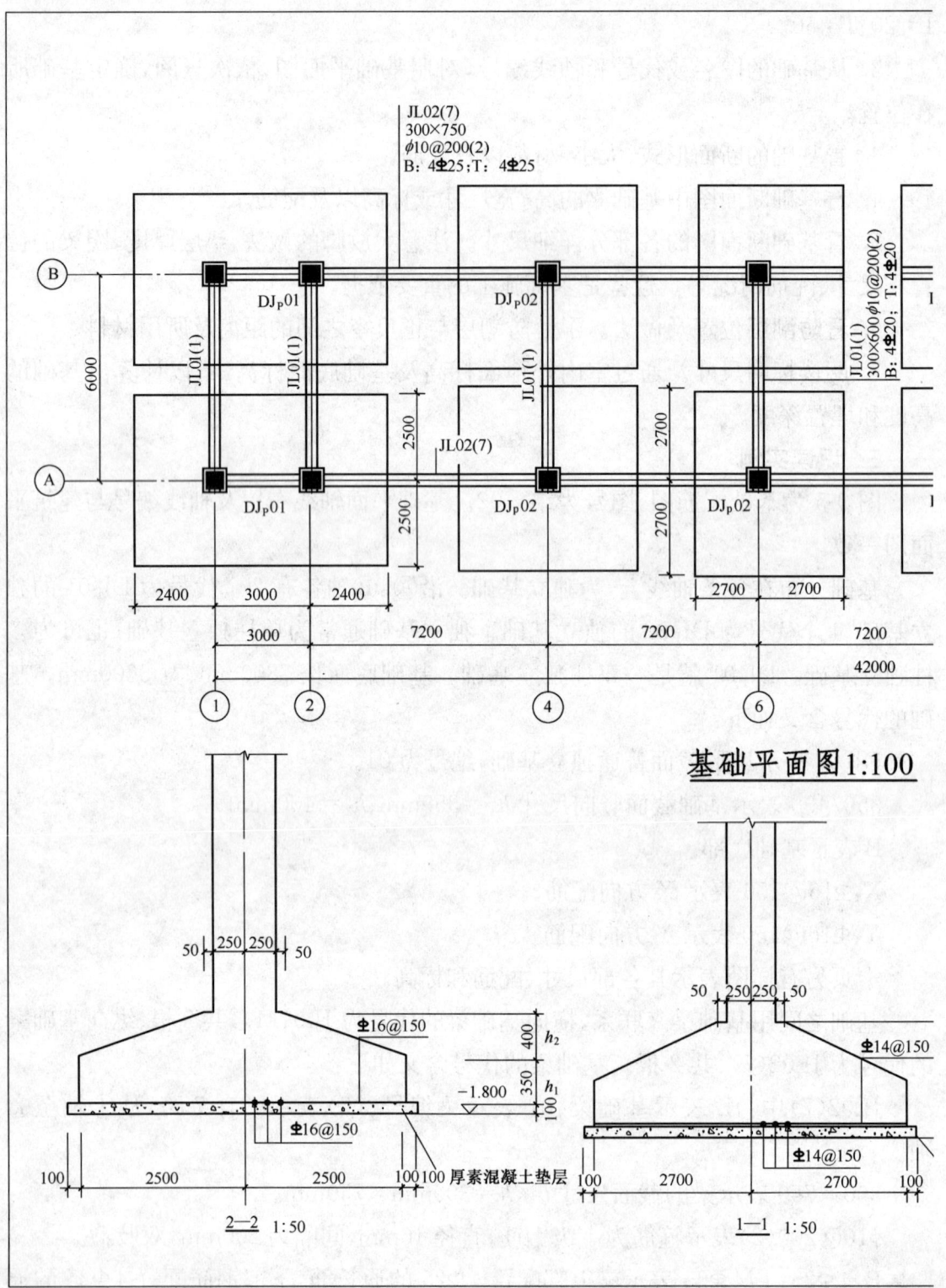

图 9-5 基础

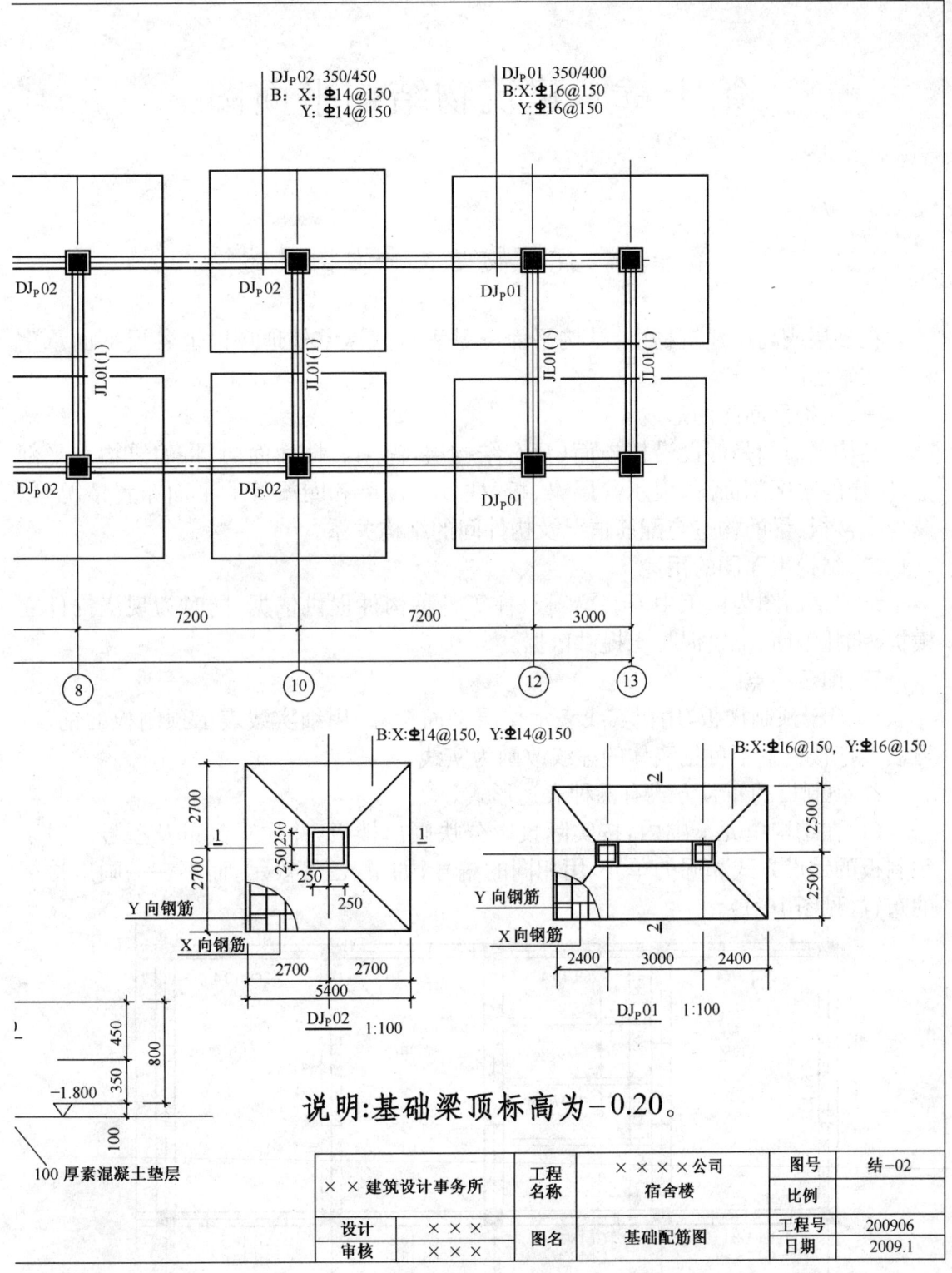

说明:基础梁顶标高为-0.20。

配筋图

第十章 建筑物结构平面图

第一节 建筑物结构平面图概述

在多层或高层建筑物中,结构平面图是表示房屋室外地坪以上各层平面承重构件布置的图样。

一、结构平面图的形成

结构平面图是假设沿楼板面(只有结构层,尚未做楼面面层)将建筑物水平剖开,所作的水平剖面图,表示各层梁、板、柱、墙、过梁和圈梁等的平面布置情况,以及现浇楼板、梁的构造与配筋情况及构件间的结构关系。

二、结构平面图的用途

结构平面图为施工中安装梁、板、柱等各种构件提供依据,同时为现浇构件立模板、绑扎钢筋、浇筑混凝土提供依据。

三、图示特点

1. 对于预制楼板,用粗实线表示楼层平面轮廓,用细实线表示预制板的铺设,习惯上把楼板下不可见墙体的虚线改画为实线。

2. 预制板的布置方式有两种表达形式。

(1)在结构单元范围内,按实际投影分块画出楼板,并注写数量及型号。对于预制板的铺设方式相同的单元,用相同的编号,如甲、乙等表示,而不一一画出楼板的布置(见图10-1)。

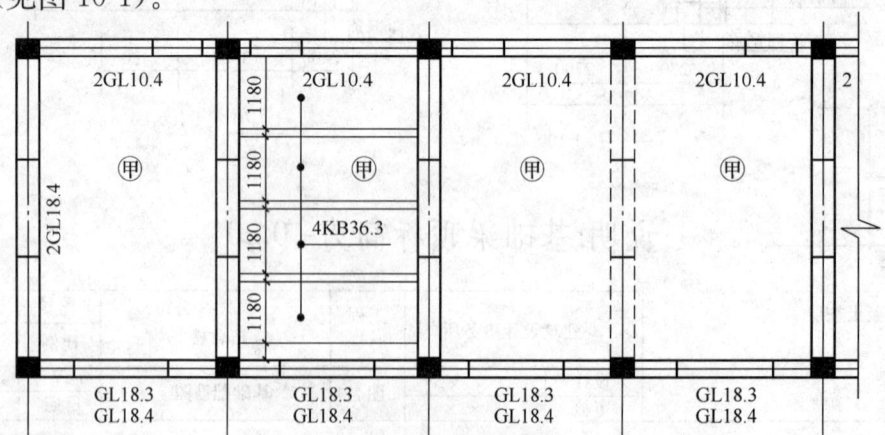

图10-1 预制板的布置方式之一

(2)在结构单元范围内,画一条对角线,并沿着对角线方向注明预制板数量及型号(见图10-2)。

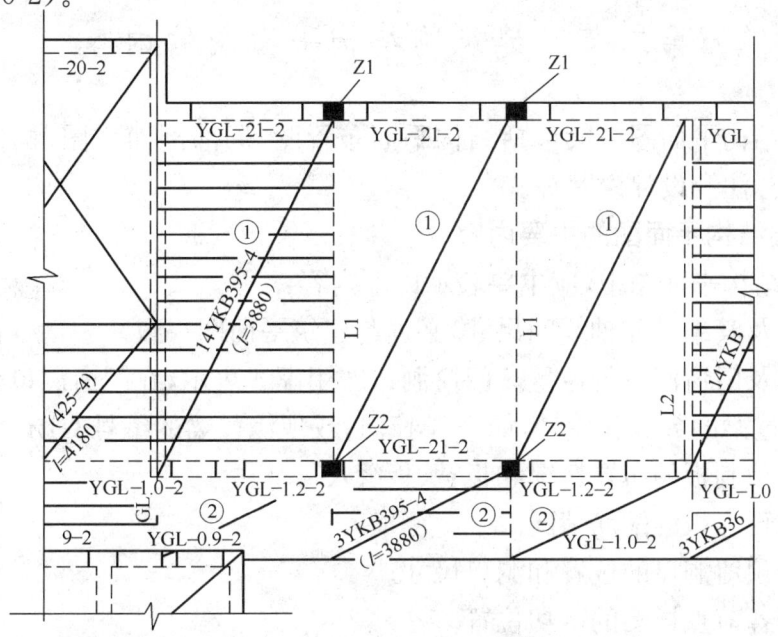

图 10-2 预制板的布置方式之二

3. 对于现浇楼板,用粗实线画出板中的钢筋,每一种钢筋只画一根,同时画出一个重合断面,表示板的形状、板厚及板的标高(见图10-3)。

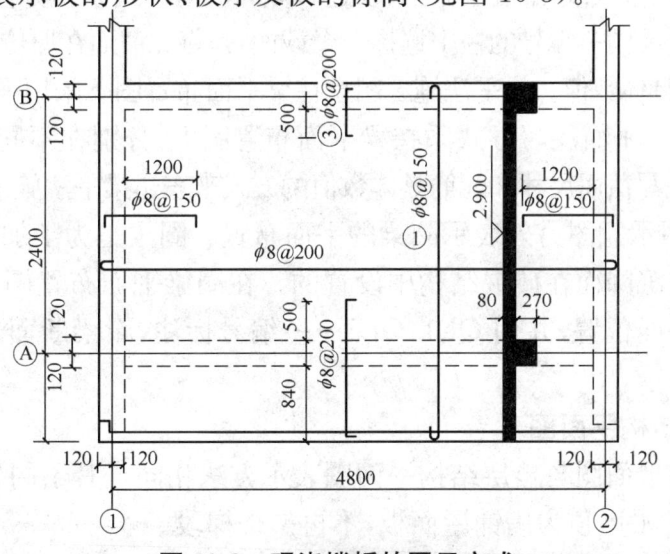

图 10-3 现浇楼板的图示方式

4. 楼梯间的结构布置一般不在楼层结构平面图中表示,只用双对角线表示楼梯间。这部分内容在楼梯详图中表示。

5. 结构平面图的定位轴线必须与建筑平面图一致。

6. 对于承重构件布置相同的楼层，只画一个结构平面图，称为标准层平面图。

第二节 建筑物结构平面图的内容

建筑物结构平面图一般包括结构平面布置图，局部剖面详图，构件统计表、构件钢筋配筋标注和设计说明等。

一、楼层结构平面图的主要内容

在楼层结构平面图中，应主要表示以下内容：

1. 轴线及其编号和轴线间尺寸，必须与建筑平面图一致。
2. 墙体及门窗洞口的位置。门窗洞口宽用虚线表示，在门窗洞口处，注明预制钢筋混凝土过梁的数量和代号，如 2GL15.4；或现浇过梁的编号 GL1、GL2……
3. 表明预制板的布置情况和板宽、板缝尺寸。
4. 表明现浇板的配筋情况。
5. 表明预留洞口的位置和洞口尺寸。
6. 表明各节点详图的剖切位置。
7. 对于框架结构，读各层柱平法施工图时，要明确所绘框架中各框架柱的编号、截面尺寸、与轴线关系、配筋情况、每层柱的柱根及柱顶标高等。柱平法施工图系在柱平面布置图上采用列表方式或截面注写方式表达。截面注写方式系在分标准层绘制的柱平面布置图上，分别在同一编号的柱中选择一个截面，并将此截面在原位放大，以直接注写截面尺寸和配筋具体数值。梁平法施工图系在梁平面布置图上采用平面注写方式或截面注写方式表达。平面注写方式系在梁平面布置图上，分别在不同编号的梁中各选一根梁，在其上注写截面尺寸和配筋具体数值的方式来表达梁平法施工图。
8. 还应该用示意图另外表示圈梁的平面布置。圈梁是为了加强建筑物的整体性和抵抗不均匀沉降而在砖混结构中设置的。在圈梁平面布置图中一般用粗点划线画出圈梁的平面位置，并用 QL1、QL2……编号标注，圈梁断面尺寸和配筋情况配以断面详图表示。

二、平屋顶结构平面图

平屋顶结构平面图与楼层结构平面图表示方法相同。其不同处在于：

1. 楼梯间的平屋顶为满铺屋面板，不再是楼梯段。
2. 檐口设计为挑檐时，有挑檐板。
3. 屋面有上人孔或上屋面的楼梯间和水箱间。
4. 有烟道、通风道等出屋面构造的预留孔。
5. 楼中的厕所间采用现浇板，而在屋顶处则可采用预制板。

三、局部剖面详图

局部剖面详图表示梁、板、墙、柱、圈梁之间的连接关系和构造处理。如板搭接在墙或梁上的尺寸,施工方法,板缝配筋要求等。

四、构件统计表

构件统计表中应列出所有构件序号、构件编号、构造尺寸、构件数量及所采用的通用图集编号等。

五、设计说明

在说明中对施工方法、材料等提出要求。

第三节 建筑物结构平面图的识读

见图 10-4~图 10-6,图号分别为结—03、结—04、结—05。

图 10-4 为柱配筋图,图号为结—03,包括柱钢筋图和柱表两部分。

柱钢筋图确定了柱的位置和截面尺寸,Ⓐ轴上共有 8 个框架柱,其中 KZ1 两个、KZ3 两个、KZ5 四个,柱子的截面尺寸均是 500×500。KZ1 与 KZ3 的轴线间距为 3000mm,其余柱间距均为 7200mm。①轴上的 KZ1 与轴线的关系是轴线外侧 400mm、内侧 100mm;与Ⓐ轴的关系是轴线外侧 200mm、内侧 300mm。

柱的配筋采用柱表标注。阅读柱表时,注意柱的截面尺寸、配筋及柱在每层的标高尺寸。如 KZ1 的一层标高为 -0.20~3.79m,截面尺寸为 500mm×500mm,混凝土强度等级为 C30,四角配筋为 4⫰25,靠 b 边一侧中部配筋为 2⫰25,另一侧相同,无需注写;靠 h 边一侧中部配筋为 2⫰25,另一侧相同。箍筋类型为 1,肢数为 4×4 组合,箍筋加密区为 $\phi 8@100$,非加密区为 $\phi 8@200$。

图 10-5 为一、二、三层梁的配筋图,图号为结—04,沿横轴框架梁有 KL1(1A) 两根,分别在①轴和⑬轴上;KL2(1A) 六根,分别在②、④、⑥、⑧、⑩和⑫轴上;KL3(7) 一根,在Ⓑ轴;KL4(7) 一根,在Ⓐ轴上;横向连系梁 LL1(1A) 五根,分别在③、⑤、⑦、⑨和⑪轴上;LL1(7) 一根,在Ⓒ轴上。

以 KL1(1A) 为例,梁的集中标注含义为:

在 KL1(1A) 中,KL 表示框架梁、1 表示梁的编号,(1A) 表示一跨带悬挑,300×650 表示梁的截面尺寸 b×h=300mm×650mm。

$\phi 10@100/200(2)$ 表示箍筋加密区为 $\phi 10@100$,非加密区为 $\phi 10@200$,双肢箍 2⫰25 表示梁上部配置 2 根⫰25 的通长筋。

4⫰25 表示梁下部配置 4 根⫰25 的通长筋。

梁的原位标注,从Ⓐ轴至Ⓒ轴含义依次为:

4⫰25 表示Ⓐ轴支座处梁上部配置 4⫰25 钢筋;

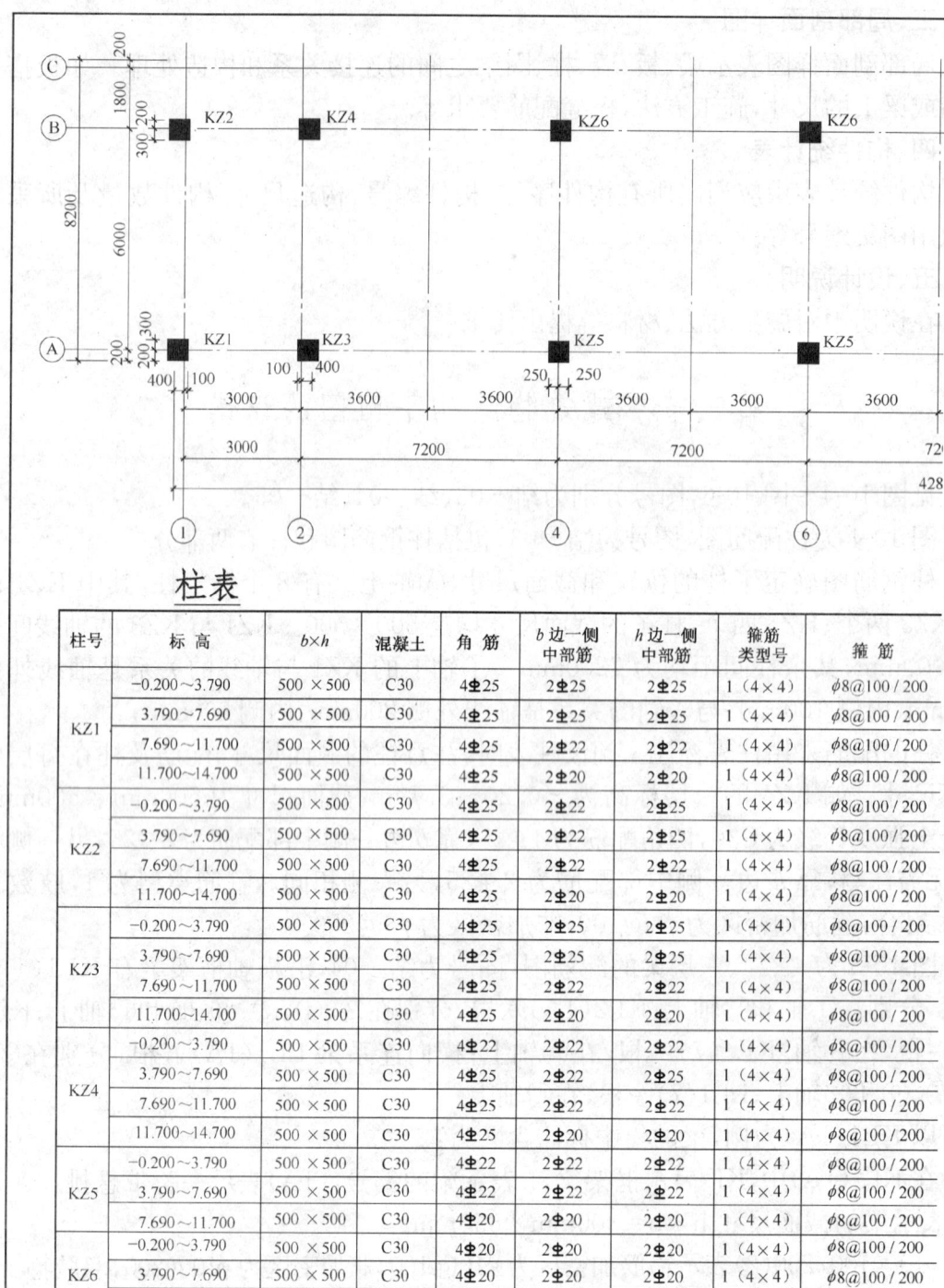

柱表

柱号	标高	b×h	混凝土	角筋	b边一侧中部筋	h边一侧中部筋	箍筋类型号	箍筋
KZ1	−0.200~3.790	500×500	C30	4⊈25	2⊈25	2⊈25	1(4×4)	φ8@100/200
	3.790~7.690	500×500	C30	4⊈25	2⊈25	2⊈25	1(4×4)	φ8@100/200
	7.690~11.700	500×500	C30	4⊈25	2⊈22	2⊈22	1(4×4)	φ8@100/200
	11.700~14.700	500×500	C30	4⊈25	2⊈20	2⊈20	1(4×4)	φ8@100/200
KZ2	−0.200~3.790	500×500	C30	4⊈25	2⊈22	2⊈25	1(4×4)	φ8@100/200
	3.790~7.690	500×500	C30	4⊈25	2⊈22	2⊈25	1(4×4)	φ8@100/200
	7.690~11.700	500×500	C30	4⊈25	2⊈22	2⊈22	1(4×4)	φ8@100/200
	11.700~14.700	500×500	C30	4⊈25	2⊈20	2⊈20	1(4×4)	φ8@100/200
KZ3	−0.200~3.790	500×500	C30	4⊈25	2⊈25	2⊈25	1(4×4)	φ8@100/200
	3.790~7.690	500×500	C30	4⊈25	2⊈25	2⊈25	1(4×4)	φ8@100/200
	7.690~11.700	500×500	C30	4⊈25	2⊈22	2⊈22	1(4×4)	φ8@100/200
	11.700~14.700	500×500	C30	4⊈25	2⊈20	2⊈20	1(4×4)	φ8@100/200
KZ4	−0.200~3.790	500×500	C30	4⊈22	2⊈22	2⊈22	1(4×4)	φ8@100/200
	3.790~7.690	500×500	C30	4⊈25	2⊈22	2⊈22	1(4×4)	φ8@100/200
	7.690~11.700	500×500	C30	4⊈25	2⊈22	2⊈22	1(4×4)	φ8@100/200
	11.700~14.700	500×500	C30	4⊈25	2⊈20	2⊈20	1(4×4)	φ8@100/200
KZ5	−0.200~3.790	500×500	C30	4⊈22	2⊈22	2⊈22	1(4×4)	φ8@100/200
	3.790~7.690	500×500	C30	4⊈22	2⊈22	2⊈22	1(4×4)	φ8@100/200
	7.690~11.700	500×500	C30	4⊈20	2⊈20	2⊈20	1(4×4)	φ8@100/200
KZ6	−0.200~3.790	500×500	C30	4⊈20	2⊈20	2⊈20	1(4×4)	φ8@100/200
	3.790~7.690	500×500	C30	4⊈20	2⊈20	2⊈20	1(4×4)	φ8@100/200
	7.690~11.700	500×500	C30	4⊈20	2⊈18	2⊈18	1(4×4)	φ8@100/200

箍筋类型	类型1(4×4)

图 10-4 柱配

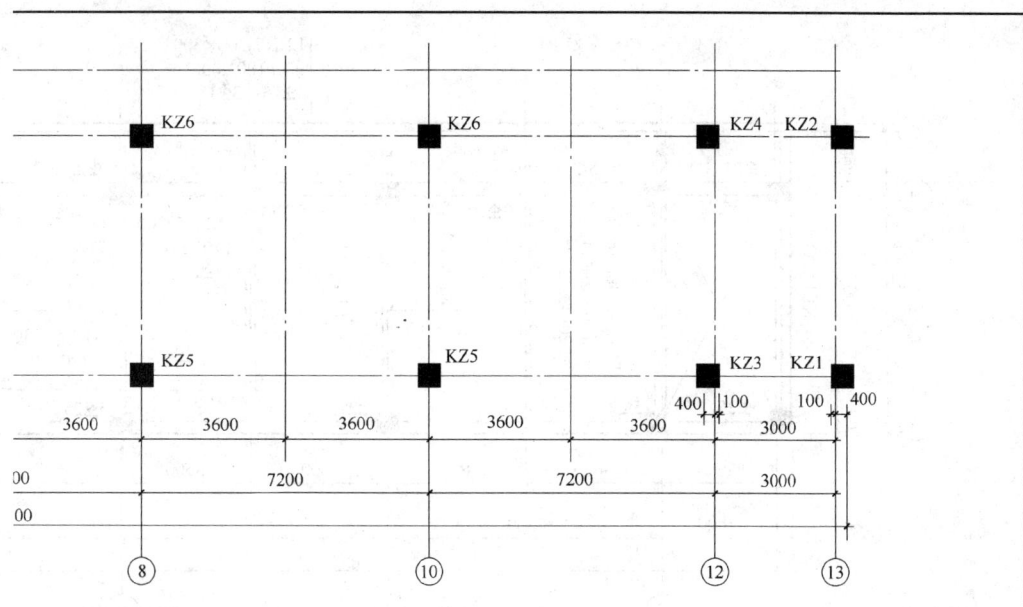

柱钢筋图

备注

注：1. 图中尺寸以毫米计，标高以米计。
2. 本图中柱的钢筋采用平法表示，构造要求按照图集《混凝土构造施工图平面整体表示方法制图规则和构造详图》(03G101-1)。
3. 本图中柱筋均插入基础。

×××建筑设计事务所		工程名称	×××公司宿舍楼	图号	结-03
				比例	1:100
设计	×××	图名	柱配筋图	工程号	200906
审核	×××			日期	2009.1

筋图

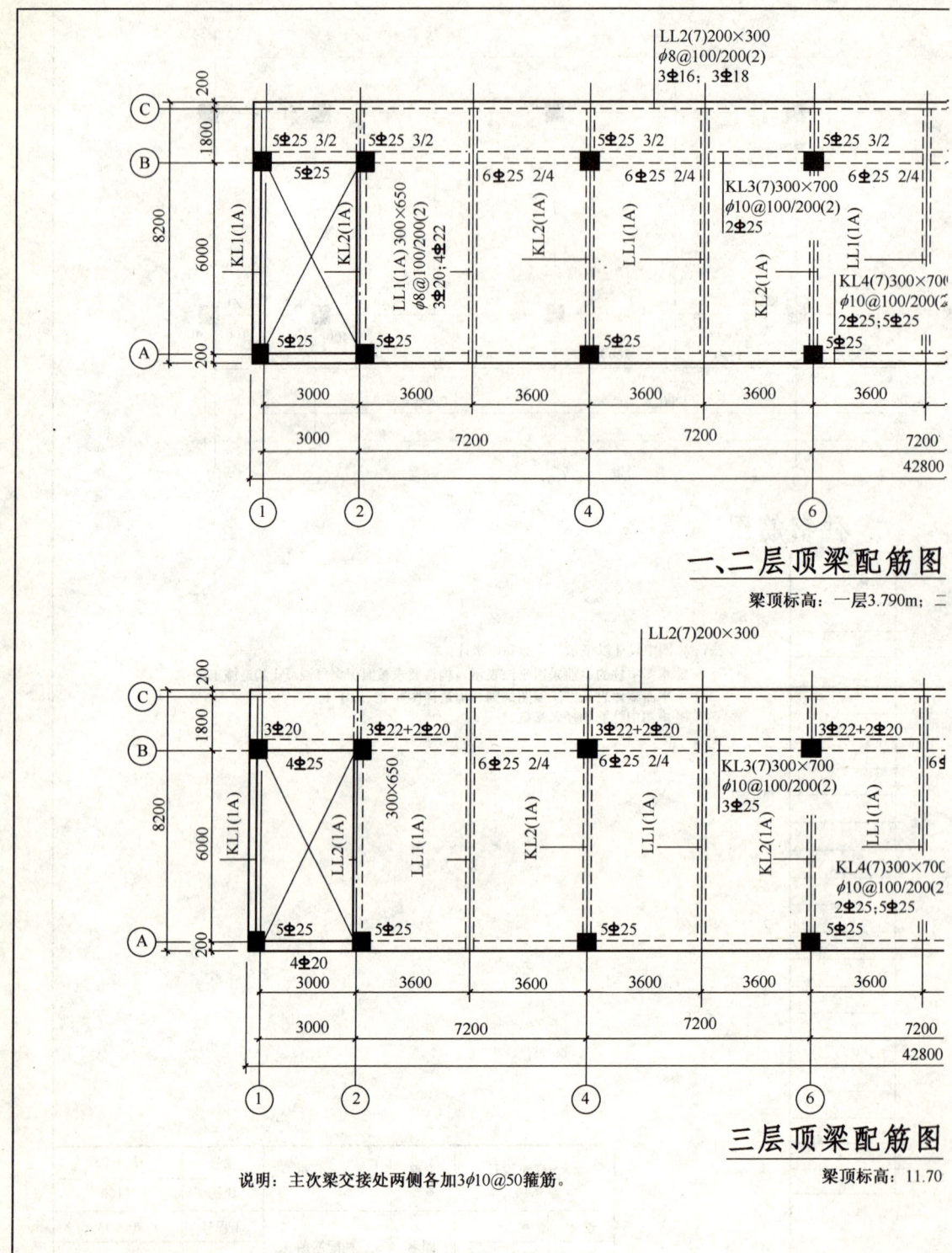

图 10-5 梁配

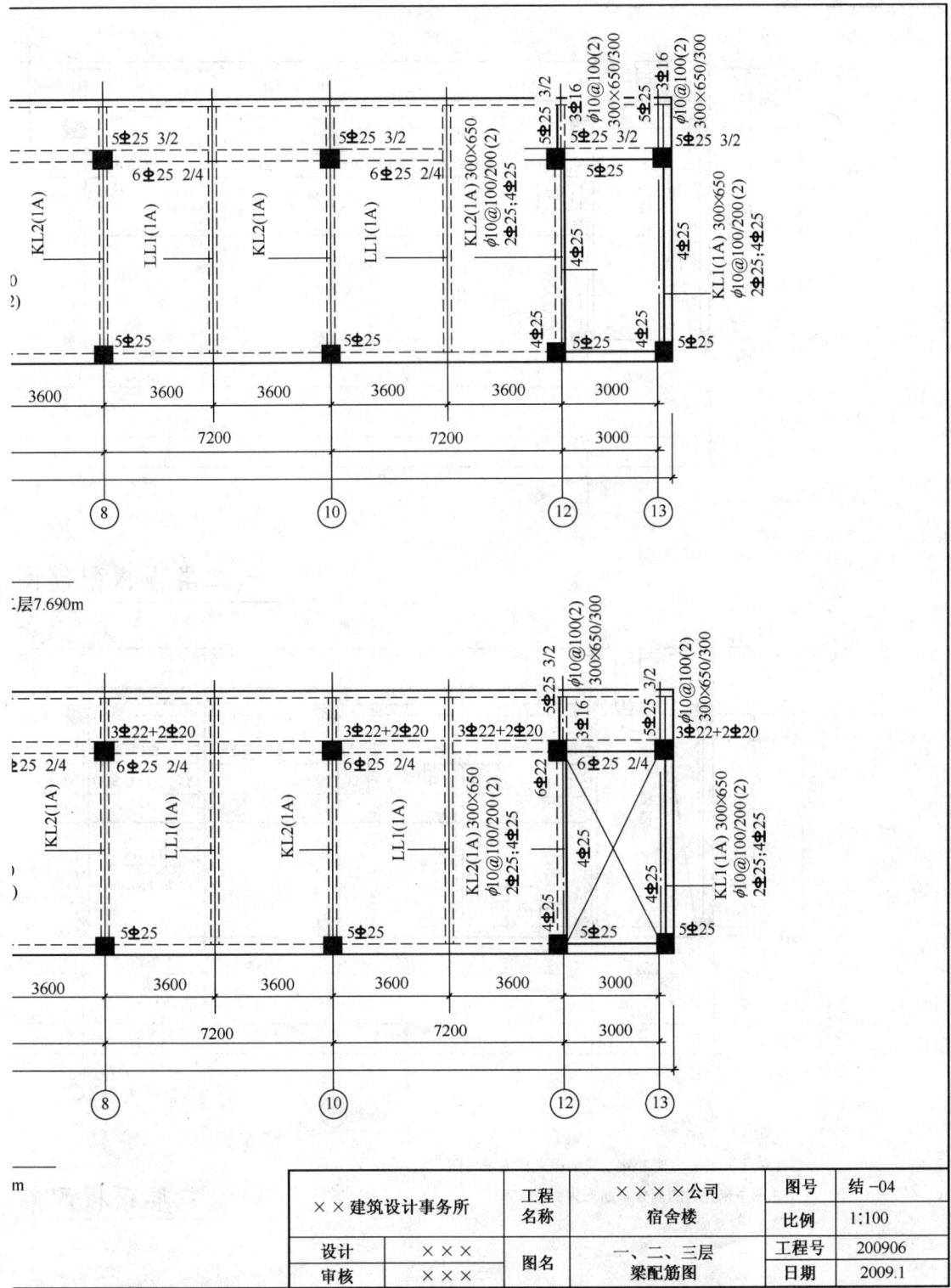

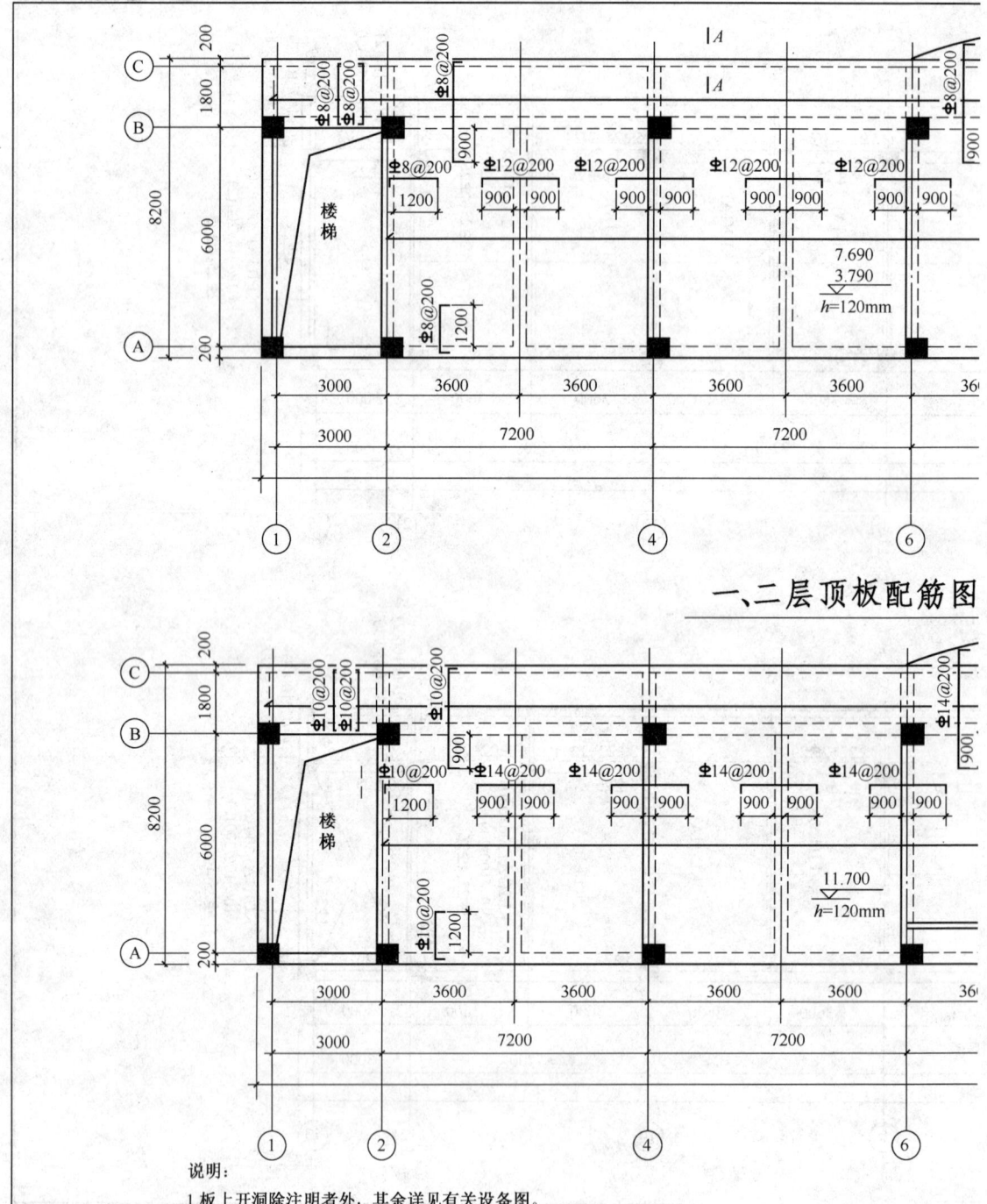

说明：
1. 板上开洞除注明者外，其余详见有关设备图。
2. 图中未说明的板分布筋均为$\Phi 8@250$。
3. A—A断面见结-07。

图 10-6 顶板

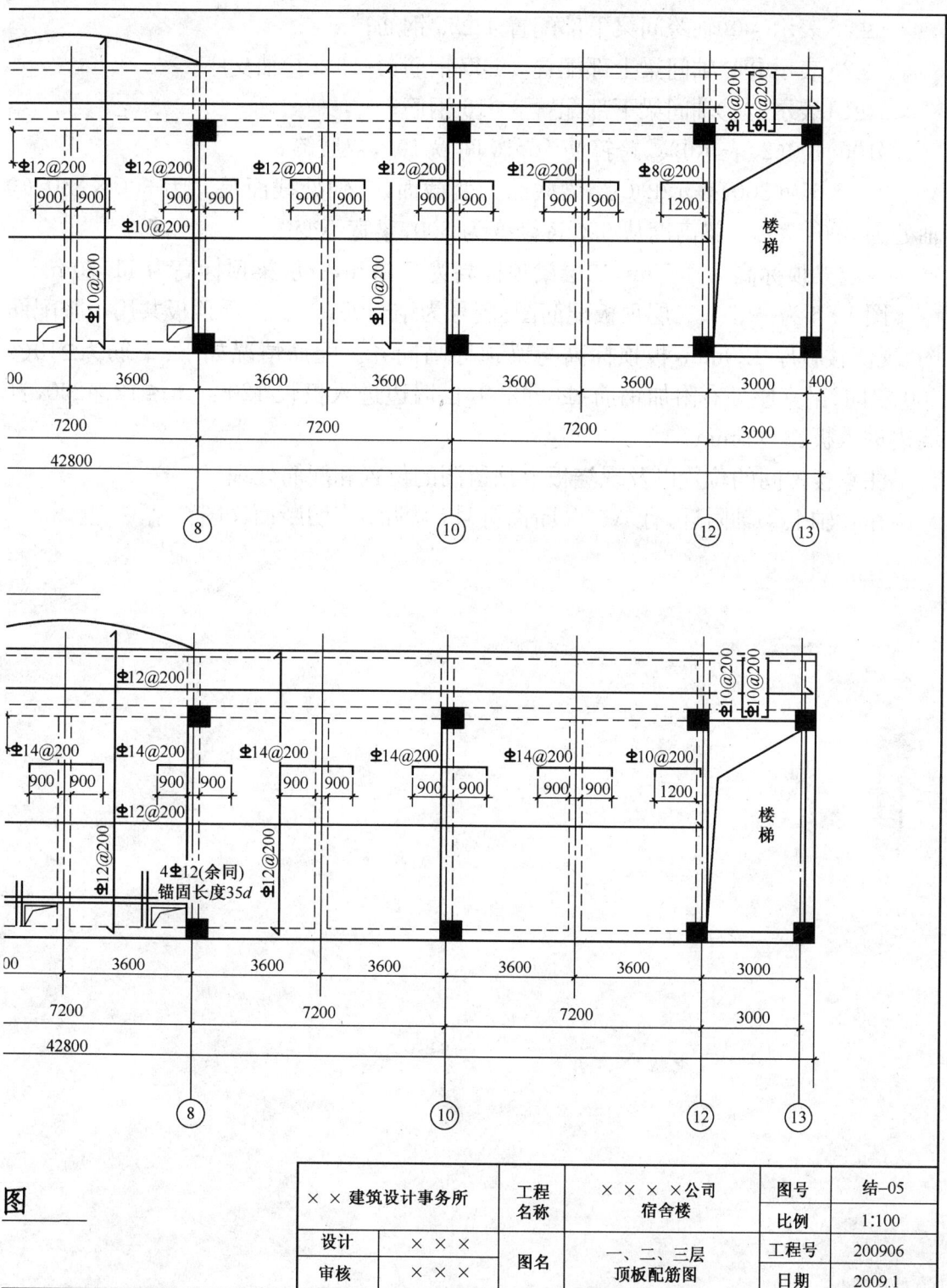

配筋图

· 97 ·

4Φ25 表示Ⓐ Ⓑ 轴跨间梁下部配置 4Φ25 钢筋；

5Φ25 表示Ⓑ Ⓒ 轴间梁上部配置 5Φ25 钢筋，并伸入Ⓑ 轴支座；

3Φ16 表示Ⓑ Ⓒ 轴间梁下部配置 3Φ16 钢筋；

ϕ10@100(2)表示Ⓑ Ⓒ 跨箍筋为 ϕ10 间隔 100，双肢箍；

300×650(300)表示Ⓑ Ⓒ 跨梁截面为变截面，Ⓑ 轴处截面尺寸为 300×650、Ⓒ 轴处为 300×300。梁高度从 650 逐渐变为 300，梁宽不变。

一层梁顶标高为 3.79m，二层梁顶标高为 7.69m，三层梁顶标高为 11.70m。

图 10-6 为一、二、三层顶板配筋图，图号为结—05，一、二层顶板共用一张配筋图，现浇楼板厚 120mm，板顶标高与梁顶标高同齐。配筋情况如下：下筋为Φ10@200 双向；梁支座处有附加钢筋：Φ8@200，自墙边进入板长 1200mm；Φ12@200，自墙边进入板长 900mm。

注意楼梯间的位置以及现浇板上预留洞的位置和配筋处理。

在Ⓒ轴上④轴附近，有 A—A 断面符号，说明中表明断面详图在结-07 上。

第十一章 建筑物构件结构详图

第一节 钢筋混凝土构件结构详图

楼层结构平面图表达了建筑物主要承重构件的平面位置关系,但仍有一些构件的形状、大小、材料、构造及连接关系等,需用构件详图表示。

钢筋混凝土构件结构详图主要是表明构件内部的配筋情况。它的图示特点是假定混凝土是透明体,构件内部的配筋则一目了然,因此,结构详图也叫配筋图。

钢筋混凝土构件结构详图的主要内容有:
1. 构件名称或代号、绘制比例。
2. 构件定位轴线及其编号。
3. 构件的形状、尺寸、配筋和预埋件。
4. 钢筋的直径、尺寸和构件底面的结构标高。
5. 施工说明等。

第二节 钢筋混凝土构件结构详图的识读

一、楼梯结构详图的识读

楼梯结构详图通常由楼梯结构平面图和楼梯结构剖面图组成。

(一)楼梯结构平面图

楼梯结构平面图为水平剖面图,是表明各构件(如楼梯梁、梯段板、平台板)的平面布置、编号、尺寸大小、配筋及结构标高的图样。楼梯结构平面图应分层画出,当中间几层的结构布置和构件类型完全一致时,用一个标准层楼梯结构平面图表示。

(二)楼梯结构剖面图

楼梯结构剖面图为垂直剖面图,是表明构件的竖向布置与构造、楼梯段、楼梯梁的配筋、钢筋尺寸等的图样。

(三)楼梯的结构类型

楼梯的结构类型分为板式楼梯和梁板式楼梯两种。

板式楼梯由梯段板、平台梁和平台板组合而成。它的特点是倾斜的梯段板的两端分别搁置在平台梁上(见图 11-1a)。也可以不设平台梁,梯段板为折板(见图 11-1b)。

梁板式楼梯由踏步板、斜梁、平台梁和平台板组成。它的特点是将倾斜的梯段板分解为两个构件:踏步板和斜梁。水平的踏步板搁置在斜梁上,斜梁的两端分别搁置在平台梁上(见图 11-2)。

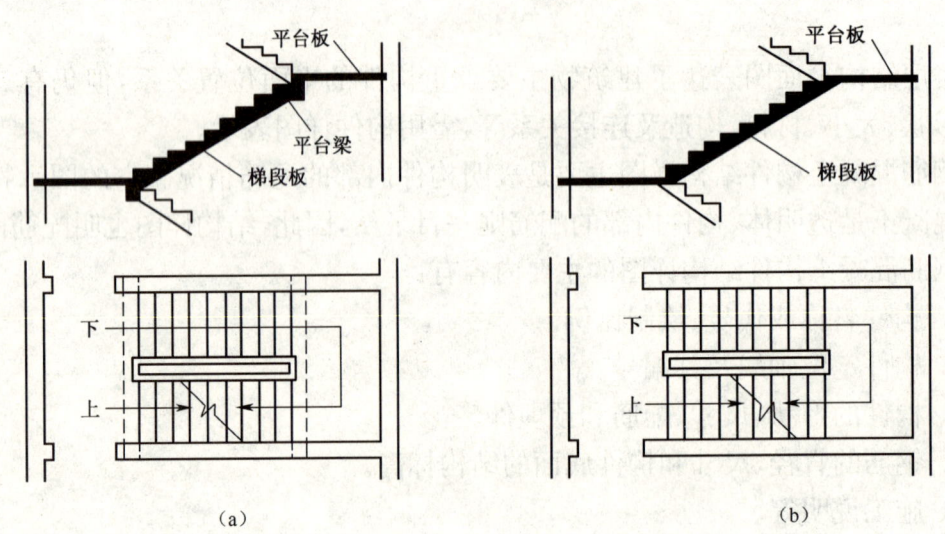

图 11-1 板式楼梯
(a)有平台梁的板式楼梯 (b)无平台梁的板式楼梯

(四)识读实例

图 11-3 为楼梯结构详图,图纸编号为结-06。在首层平面图中,两跑楼梯板的代号分别为 TB1、TB2,板宽 1350mm,板的配筋另有详图表示。以 TB1 为例,TB1 是个板式楼梯,板厚 130mm,长 3600mm,板的上端搭在梯梁 TL2 上,下部钢筋双向布置,分别为 $\Phi12@200$、$\phi6$ 每步一根;两端支座处的上部钢筋为 $\phi10@200$。

楼梯梁的代号 TL1 和 TL2 各一根,TL1 在Ⓐ轴处,TL2 距Ⓐ轴 1540mm,楼梯梁的配筋见说明。TL2 截面尺寸为 250×400,箍筋加密区 $\phi8@100$,非加密区 $\phi8@200$,双肢箍,受力钢筋为 $3\Phi14$ 和 $3\Phi20$。

休息平台板代号是 TB4,搭在 TL1 和 TL2 上,内配 $\phi10@200$ 和 $\phi8@200$ 的钢筋。

二、其他结构详图的识读

图 11-4 为该宿舍楼局部四层梁板配筋图,图纸编号为结-07。表示了楼梯间顶

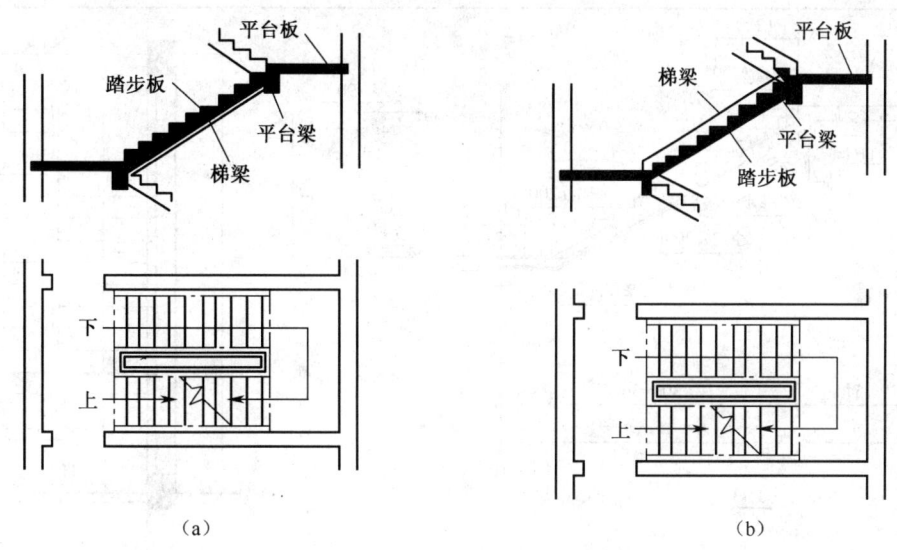

图 11-2　梁板式楼梯
(a)梯梁在下形成明步　(b)梯梁在上形成暗步

板和楼梯梁的配筋。楼梯间顶板的横向定位轴线编号为①、②或⑬、⑫轴,纵向轴线编号为Ⓐ、Ⓑ、Ⓒ与建筑平面图相吻合,板顶标高为 14.7m。Ⓐ、Ⓑ跨板的配筋如下:下部钢筋双向布置,分别为 $\phi 10@200$ 和 $\phi 12@200$,支座处的上部钢筋为 $\phi 10@200$,伸出支座 800mm。Ⓑ、Ⓒ跨部分下部双向钢筋分别为 $\phi 8@200$ 和 $\phi 12@200$;上屋面出入口的雨罩板尺寸为 2400×1200mm,配筋为下筋 $\phi 8@200$ 双向、上筋 $\pm 12@200$。厚度方面另有 B—B 断面图表示。

图中,A—A 剖面表示的是Ⓒ轴走廊栏板的配筋图,栏板高 1200mm、厚 200mm、100mm。沿板长每间隔 200mm 配一根直径为 12mm 的二级钢筋,沿板高配 7 根直径为 8mm 的一级钢筋。

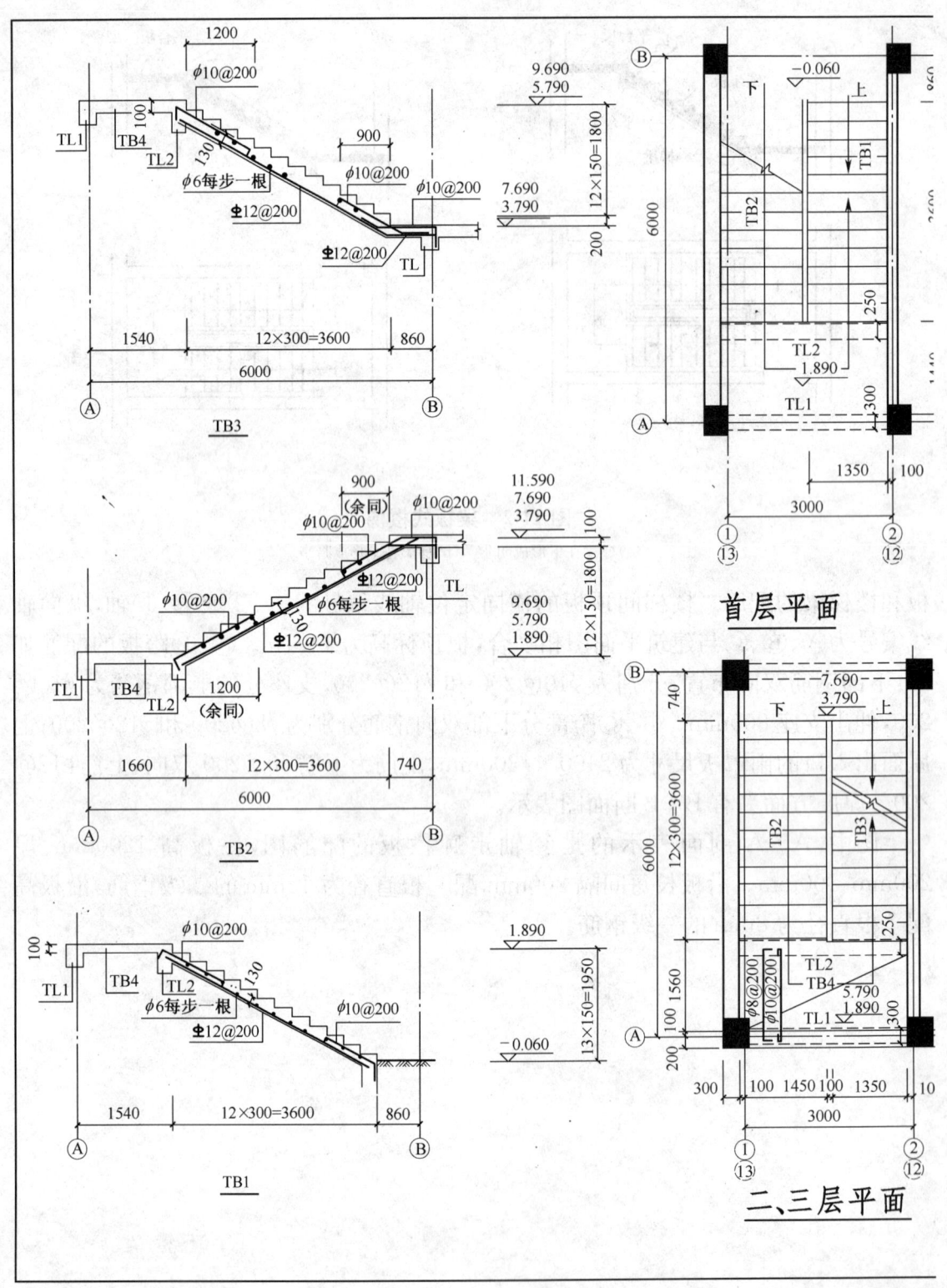

图 11-3 楼梯

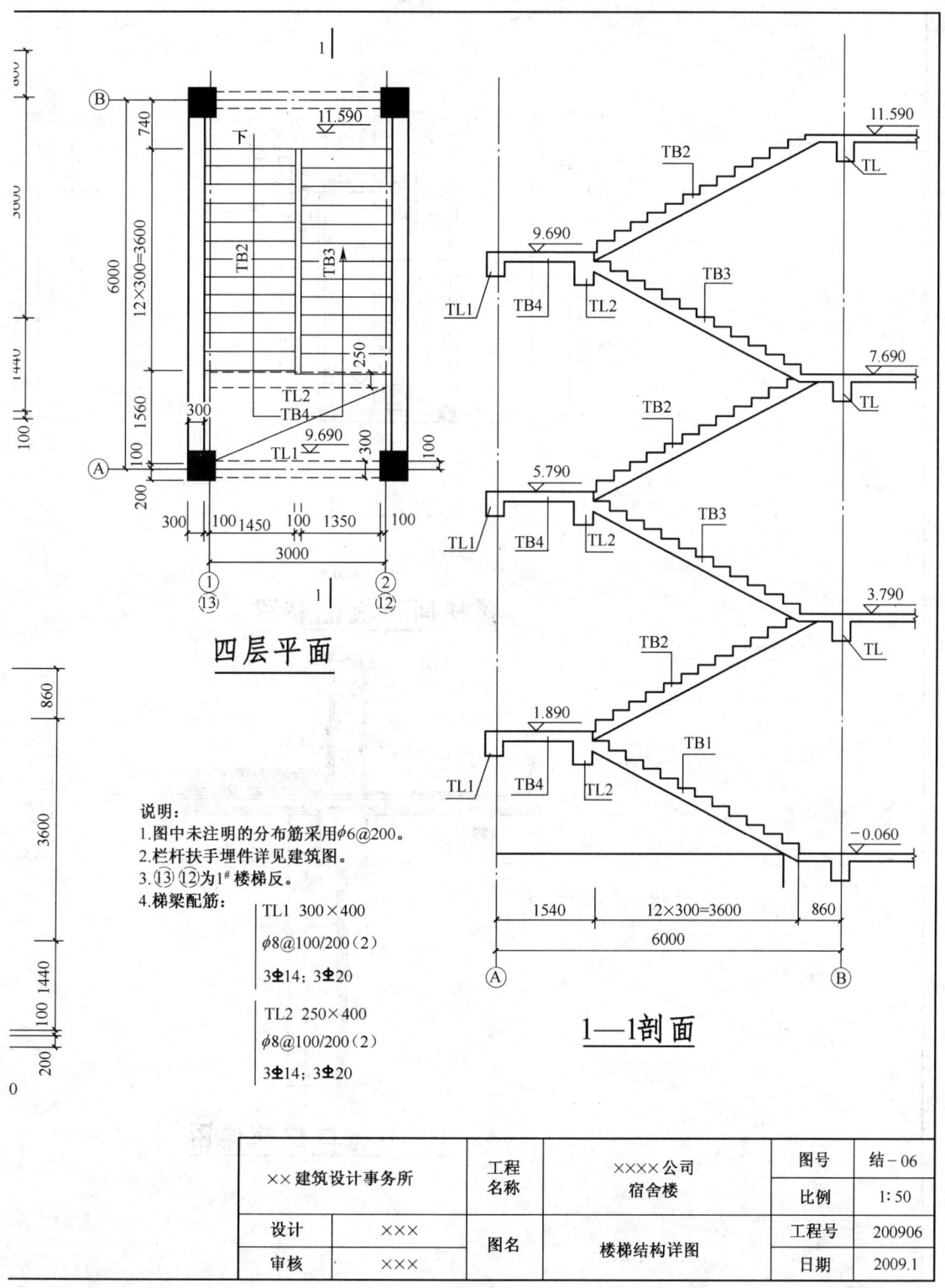

结构详图

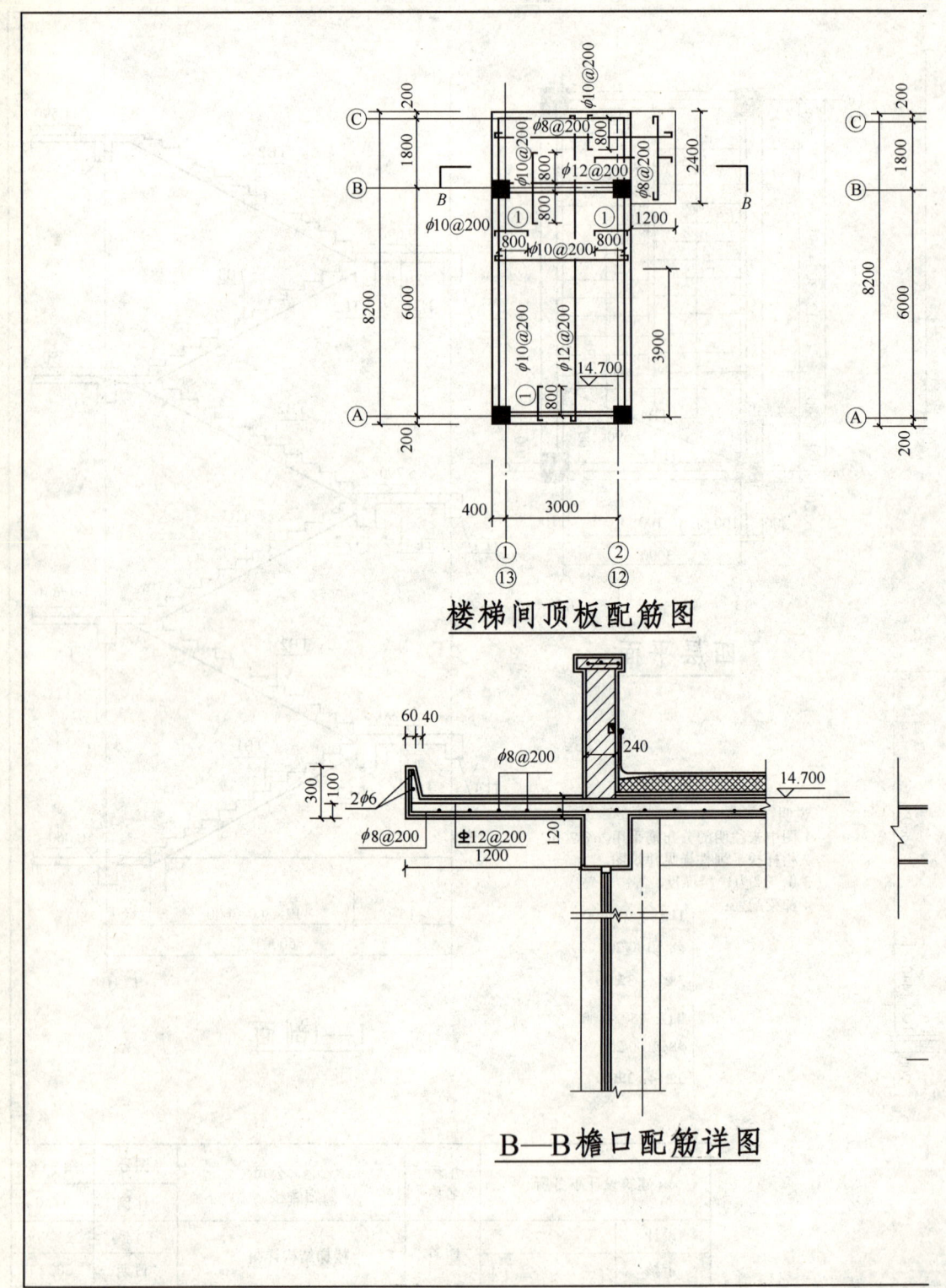

图 11-4 宿舍楼局部

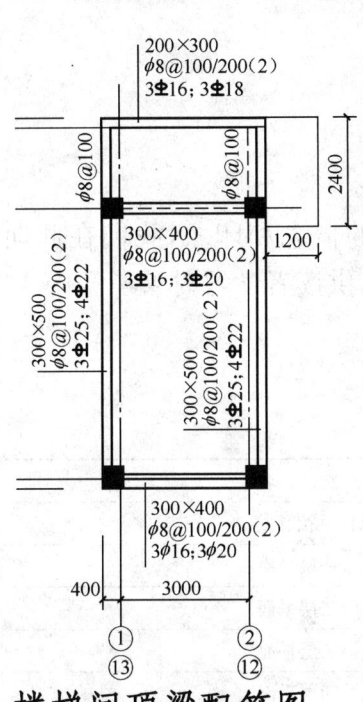

楼梯间顶梁配筋图

A—A剖面

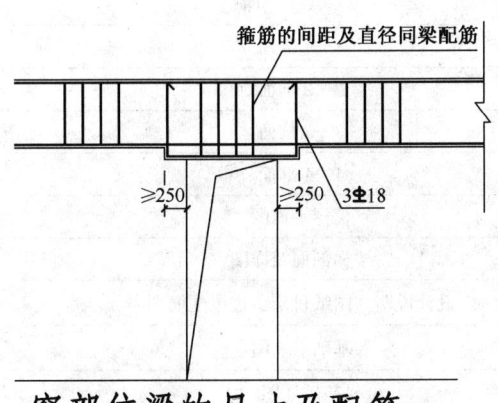

窗部位梁的尺寸及配筋

说明：
1. 图中板厚均为100mm。
2. A—A剖面位置见结-05。
3. 图中未注明的板分布筋均为$\phi6@250$。

××建筑设计事务所		工程名称	××××公司宿舍楼	图号	结-07
				比例	1:100
设计	×××	图名	局部四层梁板配筋及详图	工程号	200906
审核	×××			日期	2009.1

四层梁板配筋图

附　图

为使读者对一幢建筑物的建筑施工图有一个完整的概念和印象，我们在此向读者提供一砖混结构的住宅楼主要建筑、结构施工图纸，供读者学习时参考。

Ⅰ　图纸目录

	序号	图号	图名
第一部分　建筑施工图	1	建施-01	设计说明　图纸目录　门窗表
	2	建施-02	一层平面
	3	建施-03	二层平面
	4	建施-04	三层平面
	5	建施-05	四层平面
	6	建施-06	屋顶平面
	7	建施-07	1—9轴立面
	8	建施-08	9—1轴立面
	9	建施-09	K—A轴立面
	10	建施-10	1—1剖面
	11	建施-11	2—2剖面
	12	建施-12	3—3剖面
	13	建施-13	4—4剖面
	14	建施-14	楼梯平面图
	15	建施-15	楼梯剖面及详图
第二部分　结构施工图	16	结施01	设计说明　图纸目录　过梁配筋图
	17	结施-02	基础平面图
	18	结施-03	基础详图
	19	结施-04	二层结构平面图
	20	结施-05	圈梁平面布置图及构造柱配筋图
	21	结施-06	三层结构平面图
	22	结施-07	四层结构平面图
	23	结施-08	屋顶结构平面图
	24	结施-09	楼梯结构平面图

Ⅱ 附图说明

该附图为一住宅楼。全套图册包括建筑施工图 15 张和结构施工图 9 张,作为本书实例分析。

第一部分 建筑施工图

一、首页图(建施-01)

建施-01 包括建筑设计说明、图纸目录、门窗表等内容。

建筑设计说明:明确了设计该工程所依照的国家标准、设计规范等,介绍了工程概况,如工程名称、结构类型、抗震设防烈度,承重墙体采用 240mm 厚页岩多孔砖,非承重墙采用了 90mm 厚轻质隔墙板,用于卫生间、厨房等。

图纸目录:表示出建筑施工图共有 15 张图纸,以及每张图纸表达的内容。

住宅楼门窗表:列出住宅楼所采用的门窗型号、尺寸和数量。

二、建筑平面图

(一)一层平面图(建施-02)

从设计图形上看,该住宅楼为一梯两户,户型一致,为 C1 和 C1 反,对称布置,⑤轴是对称轴。每户为三室两厅两卫一厨。

——定位轴线编号:横向轴线为①~⑨轴、纵向轴线为Ⓐ~Ⓚ轴。注意查看轴线间距。

——墙体:定位轴线确定了承重墙的位置,墙体厚 240mm,轴线居中布置,外墙为外保温墙,保温板厚 60mm。

——门窗洞口:以 C1 户型为例:入户门为防火门,代号为 FHM1121 乙,户内有 3 扇卧室门 M0921、2 扇卫生间门 M0821、1 扇厨房门 M2421;外墙有窗 LC2421、LC1619、LC1819、LC0815、LC1615、LC1215 等。

——住宅楼出入口设有门楼,大门为 DM1221,详细情况可见楼梯详图。

——查看标高:室内为正负零、门楼为−0.020、室外−0.300。

——查看散水位置和宽度 900mm。

——查看剖切符号:共有四个剖切符号。

——查看外部尺寸:总长 24.36m、总宽 14.46m。

(二)二、三层平面图(建施-03、建施-04)

二、三层平面布置与一层相同,注意标高的变化:二层标高 2.9m、三层标高 5.8m。

(三)四层平面图(建施-05)

四层平面布置有变化,将C1户型改变为B1户型,是两室一卫,减少的部分为坡屋顶,屋顶坡度为1:1,坡底结构标高为8.7m,Ⓐ～Ⓒ轴部分为两坡,坡顶结构标高为10.65m;Ⓖ～Ⓗ轴部分为单坡,坡顶结构标高为11.7m。C1反户型改为C1T,将起居室Ⓐ轴上的窗向室内处理,并增加了阳台板和护栏。室内标高8.7m。

(五)屋顶平面图(建施-06)

该建筑屋顶为坡屋顶。

——前后坡度为1:1.732,屋脊线结构标高为15.064m和12.827m。注意屋脊线的定位尺寸,如主要屋脊线距Ⓔ轴600mm。

——左右坡度为1:1,楼梯间上方屋脊线结构标高为13.450m,起居室上方屋脊线结构标高为14.185m,主卧室上方屋脊线结构标高为13.770m。檐口结构标高为11.6m。

——注意出屋面的风道和通气管的位置。

三、建筑立面图

(一)1—9轴立面图(建施-07)

——住宅楼结构总高15.064m,室内外高差0.3m,四层,每层层高2.9m。

——立面装饰:一层为仿石面砖、二、三层面砖、四层白色涂料。

——屋面为彩色水泥瓦屋面,注意左右坡的坡顶标高10.650m、14.158m等;前后坡的坡顶标高12.827m、15.064m均应与屋顶平面图相一致。

——凸出屋面的风道、通风管采用灰色涂料和中灰色陶土管。

(二)9—1轴立面图(建施-08)

建筑物高度和装修同1—9轴立面图。

——注意楼梯间外墙面窗洞的变化。

——顶层加设了栏杆和门窗的变化。

——门楼的造型设计。

(三)K—A轴立面图(建施-09)

补充说明了外墙面的装修,腰线——白色涂料,檐口——灰色涂料。

——局部三层坡屋顶的标高10.65m、11.7m。

——顶层坡屋顶的标高15.064m、12.827m等。

四、建筑剖面图

(一)1—1剖面图(建施-10)

从一层平面图了解剖切位置和投影方向,剖到楼梯间和起居室、剖到Ⓚ、Ⓔ、Ⓐ轴墙,看到入户门。

——剖到楼板、梁、梯段板、楼梯梁、门楼屋顶、坡屋顶。
——识读Ⓚ轴楼梯间外墙面窗洞的高度和位置。
——楼梯垂直联系的关系。
——门楼的结构标高。
——Ⓐ轴外墙门窗洞口的尺寸。
——坡屋顶的标高。

(二)2—2剖面图(建施-11)

从一层平面图的剖切符号位置了解剖切位置在局部三层处。
——注意局部三层和四层的空间位置关系。
——局部三层的层高和屋顶的处理。

(三)3—3剖面图(建施-12)

从一层平面图了解剖切位置在居室内部四层高度处。
——注意第四层与下面三层的变化。
——识读Ⓐ、Ⓚ轴上门窗洞口的尺寸。
——每层圈梁的位置。

(四)4—4剖面图(建施-13)

从一层平面图的剖切符号位置了解剖切位置,剖到Ⓗ、Ⓕ、Ⓒ、Ⓑ和Ⓐ轴。
——Ⓐ、Ⓗ轴外墙门窗洞口的尺寸。
——Ⓗ轴外墙结构标高 12.235m。

五、楼梯详图

(一)楼梯平面图(建施-14)
——楼梯间开间 2.7m,进深 6.0m,休息平台宽 1800mm,梯段宽 1180mm,梯井宽 100m。
——第一跑 17 步,完成一整层的高度;梯段长 4320mm,借用门楼的平面。
——其余每两跑完成一层,每跑 9 步,梯段长 2160mm。
——注意识读各楼层及休息平台的标高。
——首层楼梯平面图上的剖切符号 a-a。

(二)楼梯剖面图及详图(建施-15)

a-a 楼梯平面图剖到第 1、3、5 跑,看到第 2、4 跑。
——注意踏步高度的变化。第一跑踏步高 170.6mm。
——踏步和栏杆做法见标准图集。
——门头檐口和大门门洞上檐均有详图。

第二部分 结构施工图

一、首页图(结施-01)

结施-01包括结构设计说明、图纸目录两部分。

——图纸目录中给出结构施工图共9张图纸和每张图纸表示的内容。

——设计说明中明确设计依据、工程概况、主要结构材料以及圈梁和过梁的做法。

二、基础图

（一）基础平面图(结施-02)

本工程的基础为钢筋混凝土条形基础。

——轴线网与建筑平面图一致。

——主体结构的基础形式有三种,看清每条轴线的基础形式。

——门楼处基础的断面形式有两种。

——涂黑的为构造柱。

（二）基础详图(结施-03)

给出五个基础详图,这五个详图与基础平面图相对应。以1—1为例:

——基础底面宽1700mm,下设100mm厚C15的混凝土垫层。

——厚350mm,翼缘厚250mm

——内配Φ12@160和Φ8@250的钢筋。

——基础墙体360mm厚。

——基础圈梁断面尺寸为360×240,内配6Φ12通长筋和Φ6@200的箍筋。

——基础底面标高-2.150m、圈梁顶面标高-0.300m。

还给出室内后砌隔墙基础图和构造柱插入基础的插筋示意图。

三、结构平面图

（一）二层结构平面图(结施-04)

——阅读说明:本层板顶标高2.810m。

——查阅梁的平面布置、类型和每种梁的根数。如L1,4根,在G轴和E轴,梁的截面尺寸为240×400,箍筋Φ8@150,双肢箍,梁上部配筋2Φ12,下部配筋3Φ18。

——查阅现浇板的平面布置。现浇楼板关于⑤轴对称布置。

——阅读板的配筋,以①、②轴和Ⓐ、Ⓓ轴所围平面为例:下部钢筋双向,为Φ8@150、Φ10@150,支座处的附加钢筋为Φ8@200、Φ12@100等,自墙内侧伸入板

建筑设计说明

一. 设计依据
《民用建筑设计通则》GB50352-2005
《城市居住区规划设计规范》GB50180-93（2002年版）
《建筑设计防火规范》GB50016-2006
《住宅设计规范》GB50096-2003
《住宅建筑规范》GB50368-2005
《公共建筑节能设计标准》DBJ01-621-2005
《屋面工程技术规范》GB50345-2004

二. 工程概况
工程名称：×××住宅楼
建筑耐久年限：50年
建筑类别：多层
建筑耐火等级：二级
建筑抗震设防烈度：8度

三. 结构形式：砖混结构

四. 标高与单位
本工程±0.000 = 绝对标高55.80米
各层标高为完成面标高，层面标高为结构面标高
本工程标高以米(m)为单元，尺寸以毫米(mm)为单位

五. 墙体工程
承重墙：240厚页岩多孔砖
非承重墙：90厚轻质隔墙板,用于卫生间、厨房

六. 外墙外保温为60厚聚苯板

七. 居民信报箱设在每个单元的首层入口处，
采用B-3X5型,详见京01SJ40《北京市试用图
集-住宅信报箱图集》

图纸目录

序号	图号	图名
1	建施-01	设计说明 图纸目录 门窗表
2	建施-02	一层平面
3	建施-03	二层平面
4	建施-04	三层平面
5	建施-05	四层平面
6	建施-06	层顶平面
7	建施-07	1-9 轴立面
8	建施-08	9-1 轴立面
9	建施-09	K-A 轴立面
10	建施-10	1-1 剖面
11	建施-11	2-2 剖面
12	建施-12	3-3 剖面
13	建施-13	4-4 剖面
14	建施-14	楼梯平面图
15	建施-15	楼梯剖面及详图

住宅楼门窗总表

类型	设计编号	洞口尺寸(mm) 宽	洞口尺寸(mm) 高	总樘数
门	FHM1121乙	1100	2100	8
门	M3721	3730	2100	8
门	FM0920乙	900	2000	1
门	LM0609	600	900	8
门	DM1221	1200	2100	1
门	M0821	800	2100	15
门	M0921	900	2100	23
门	M2421	2400	2100	8
窗	LC1210	1200	1050	2
窗	LC1615	1600	1500	13
窗	LC1215	1200	1500	8
窗	LC0815	800	1500	15
窗	LC1619	1600	1950	6
窗	LC1621	1600	2100	2
窗	LC1819	1800	1950	7
窗	LC2421	2400	2100	4
窗	LC2421b	2400	2100	2

住宅楼百页表

设计编号	百叶尺寸（mm）	1层	2层	3层	4层	合计
LBY0919	900×1900	2	2	2	2	8
LBY(05+10+05)09	(700+1240+700)×900				1	1
BYC(05+09)19	(700+1080)×1900	2	2	2	1	7
LBY(07+10)17	(700+1100)1700	2	2	2		6
LBY(07+10)09	(700+1100) 900				1	1

工程名称	××住宅楼	设计单位	××设计研究院		
图名	设计说明 图纸目录 门窗表			图号	建施-01
设计	×××	审核	×××	比例	1:100
审定	×××	校对	×××	日期	2008.9

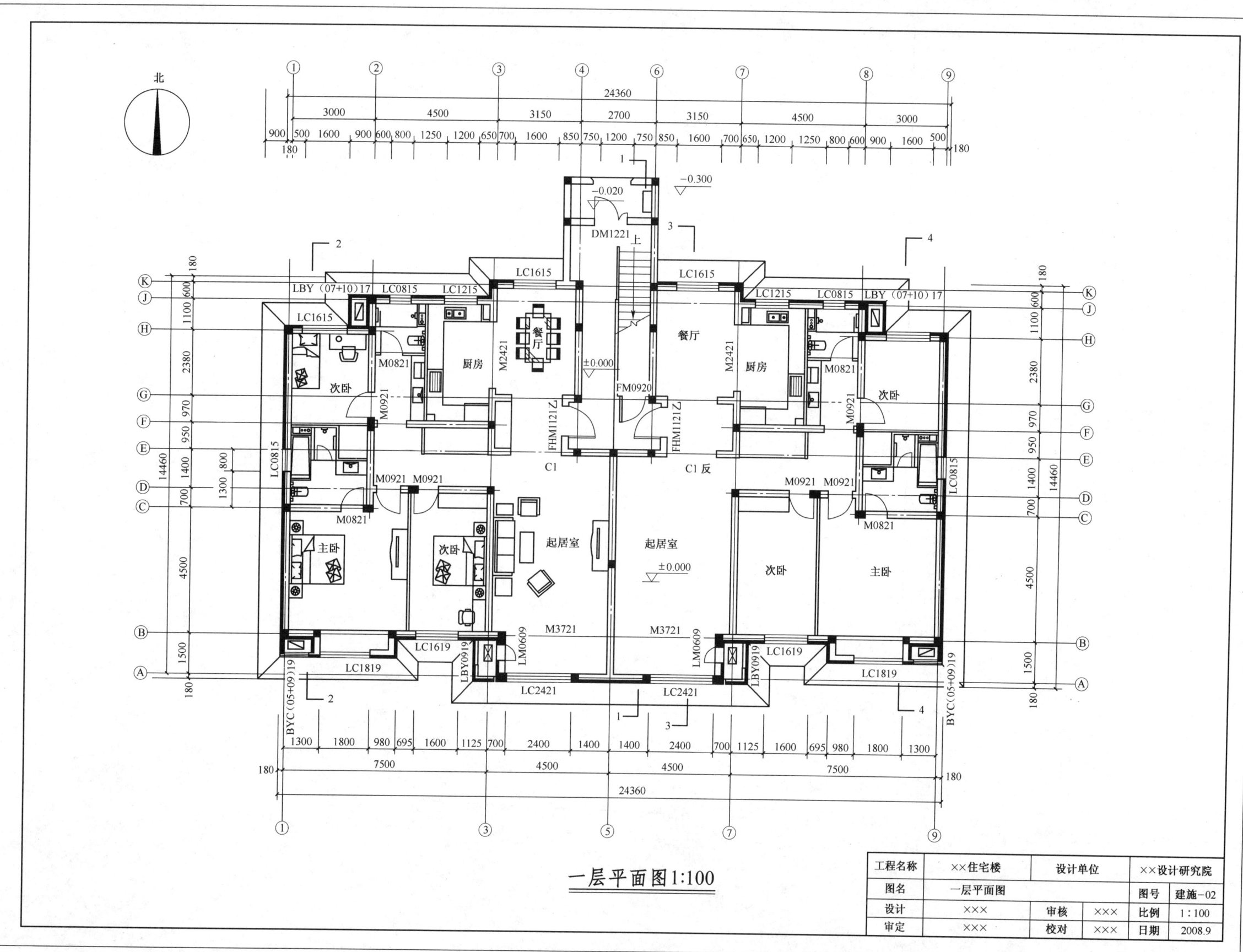

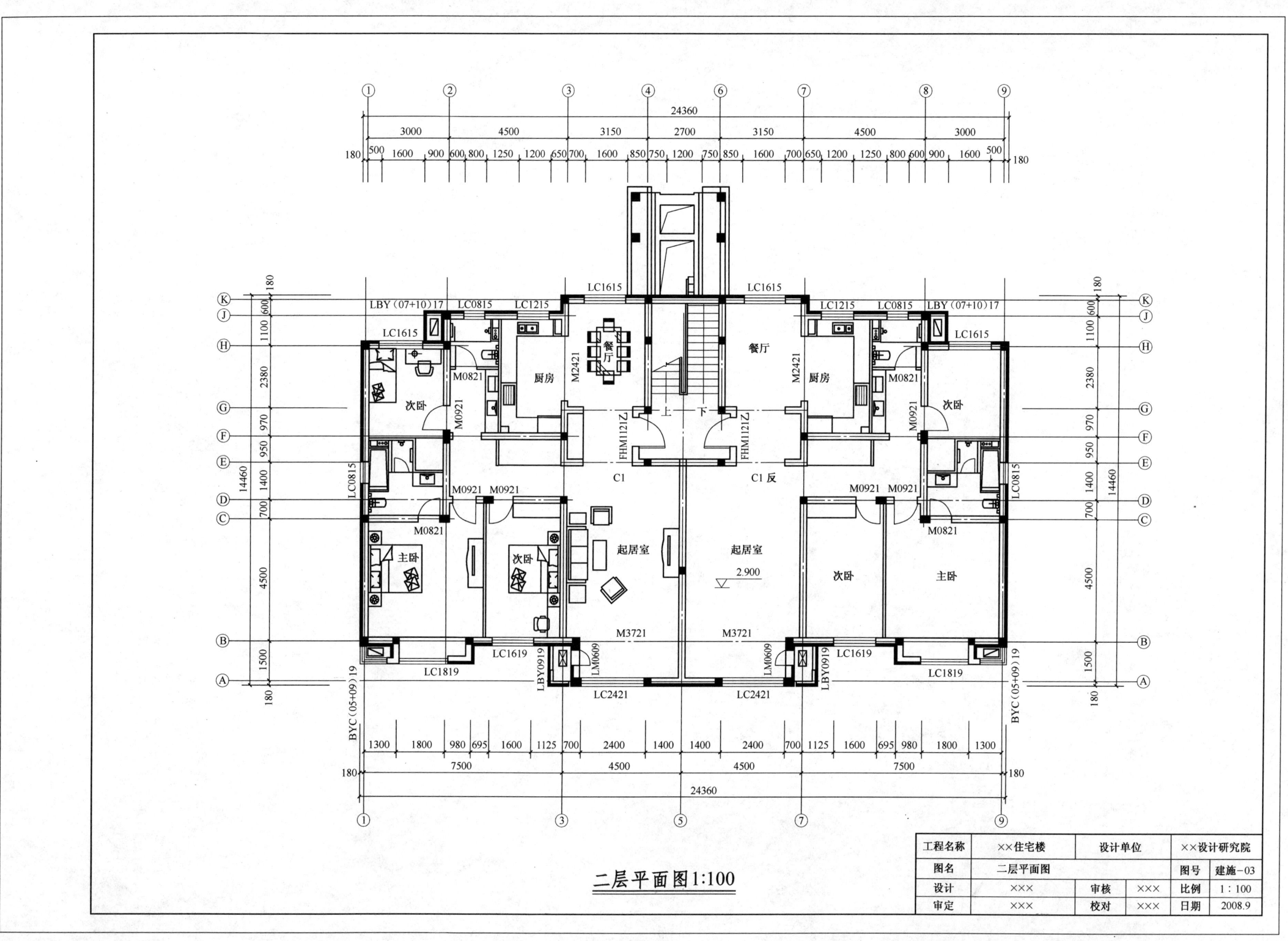

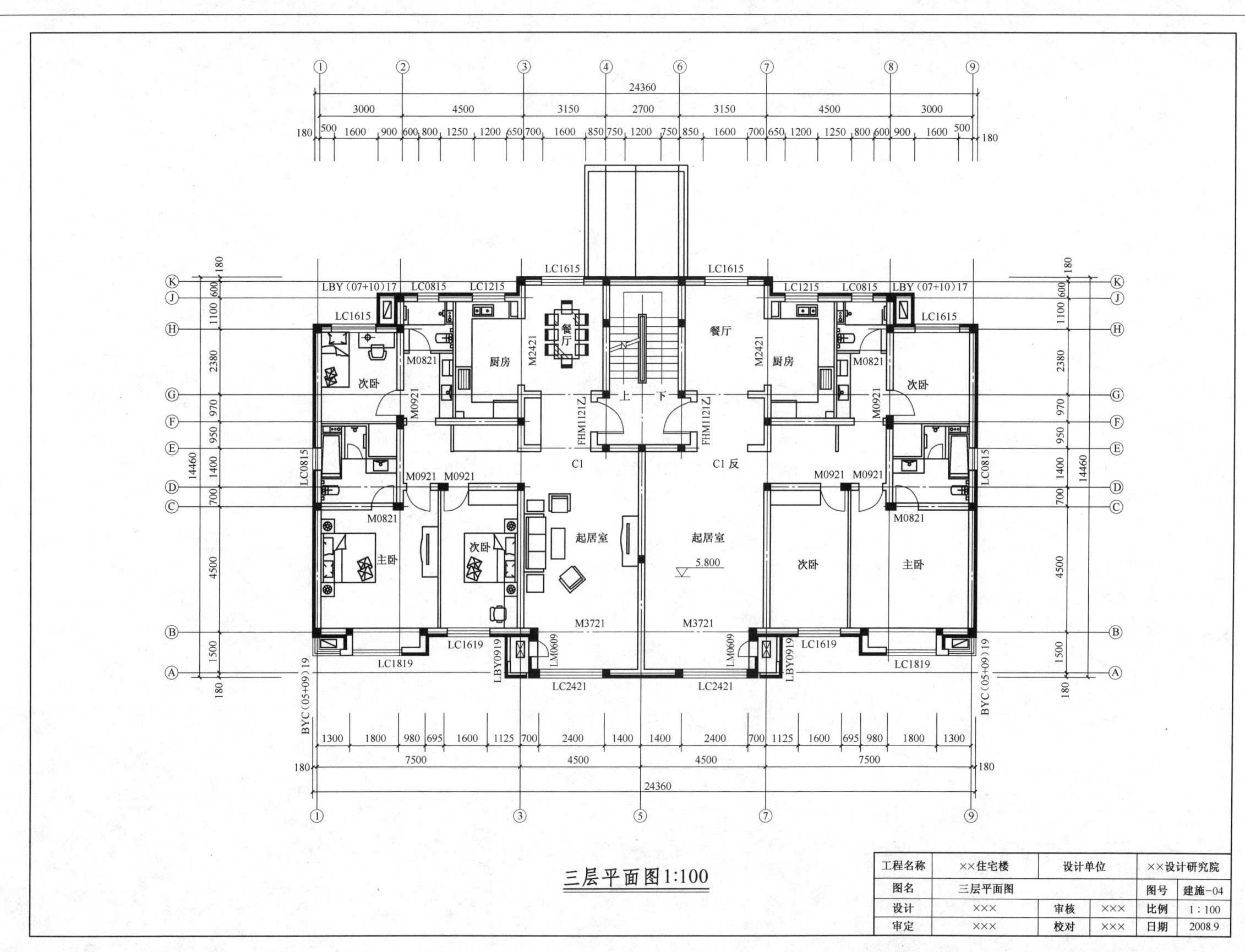

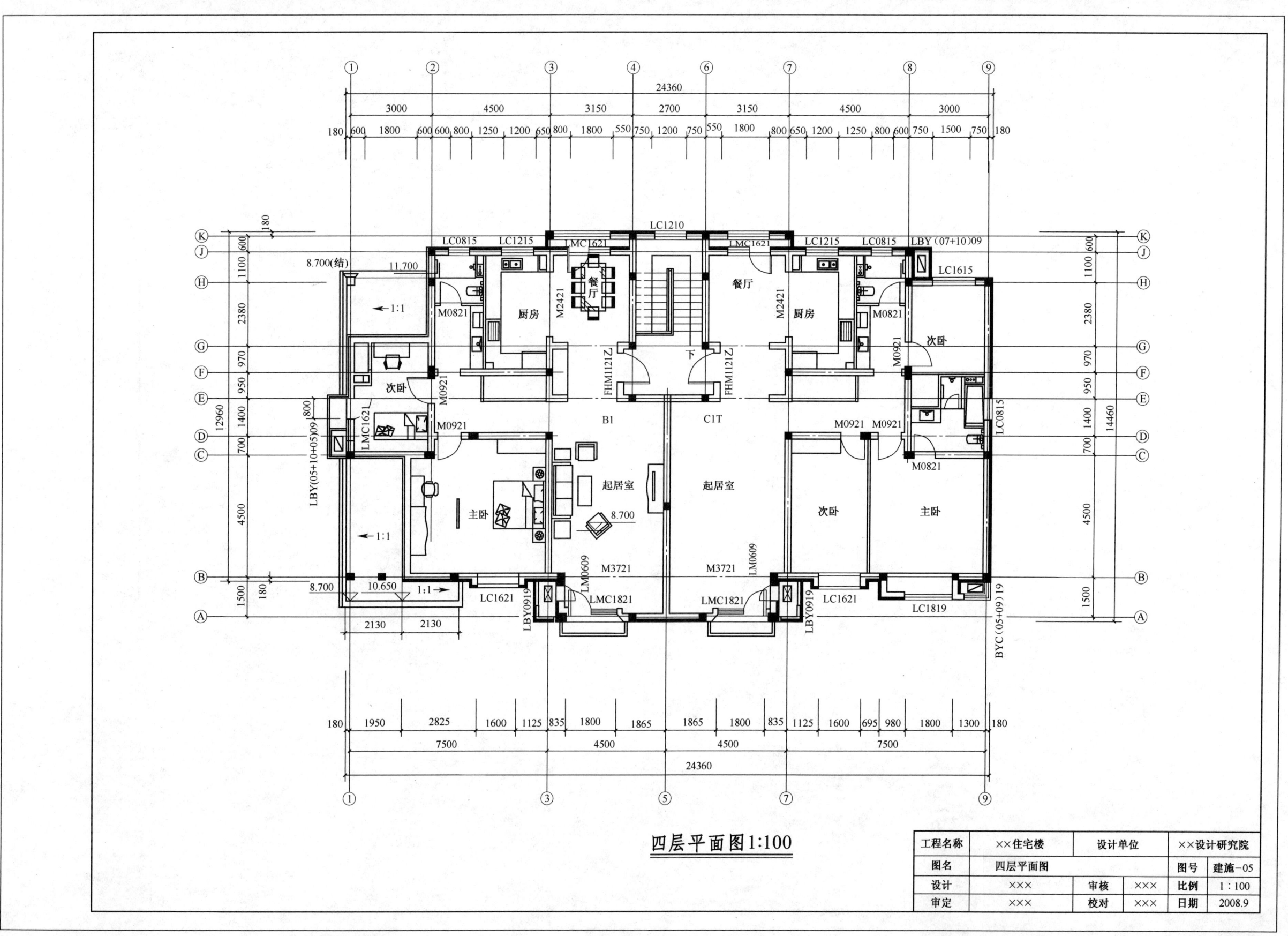

四层平面图 1:100

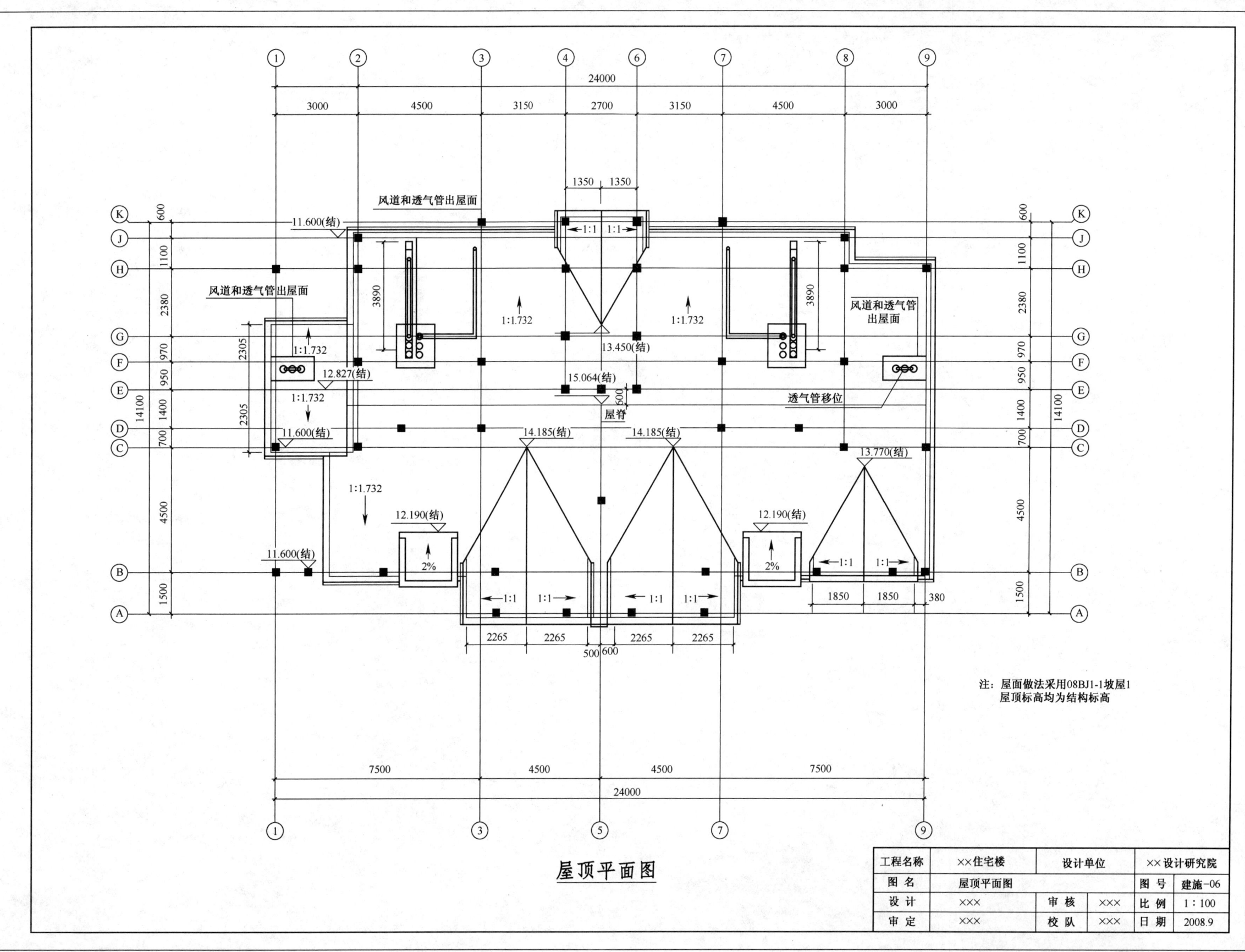

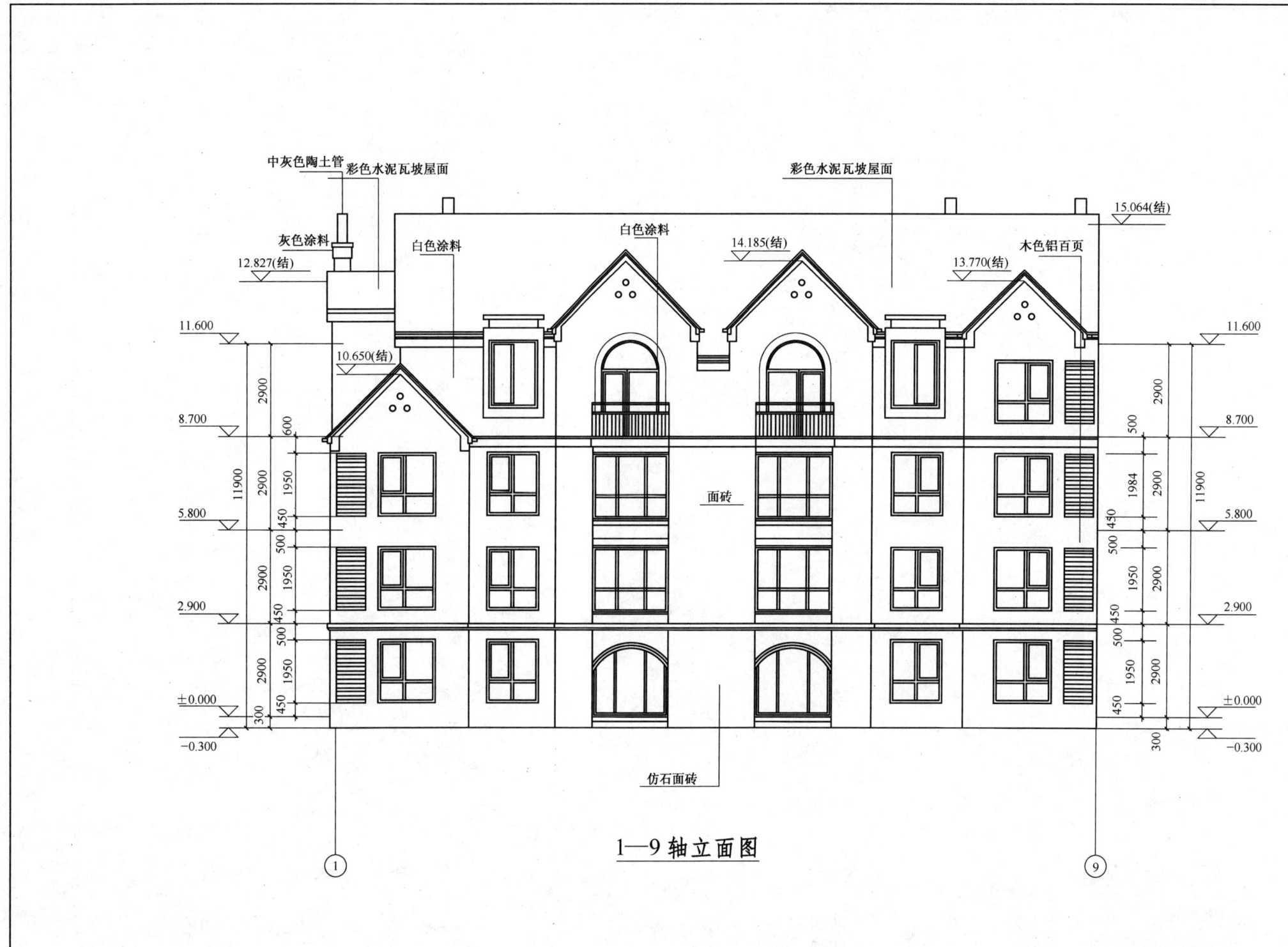

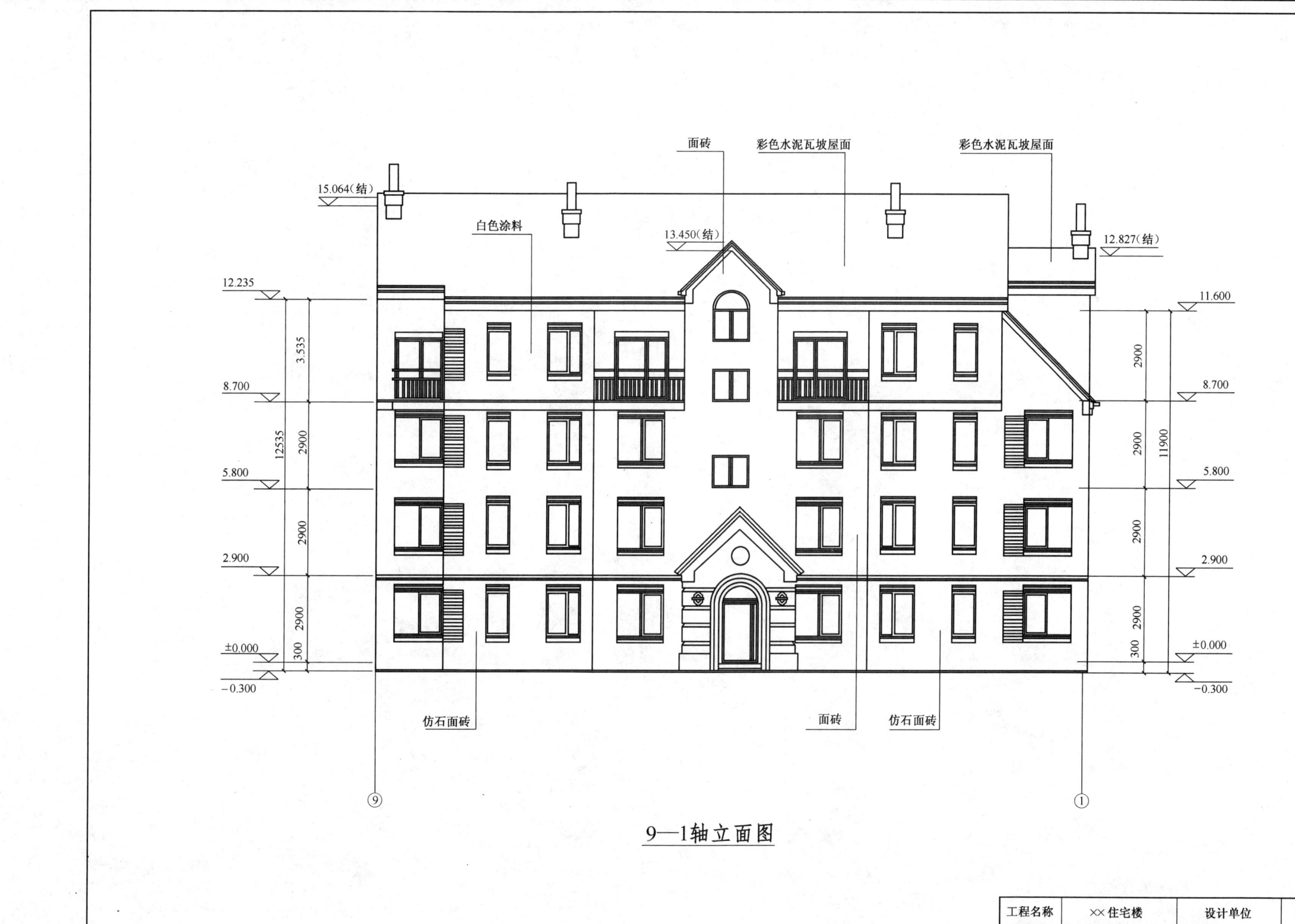

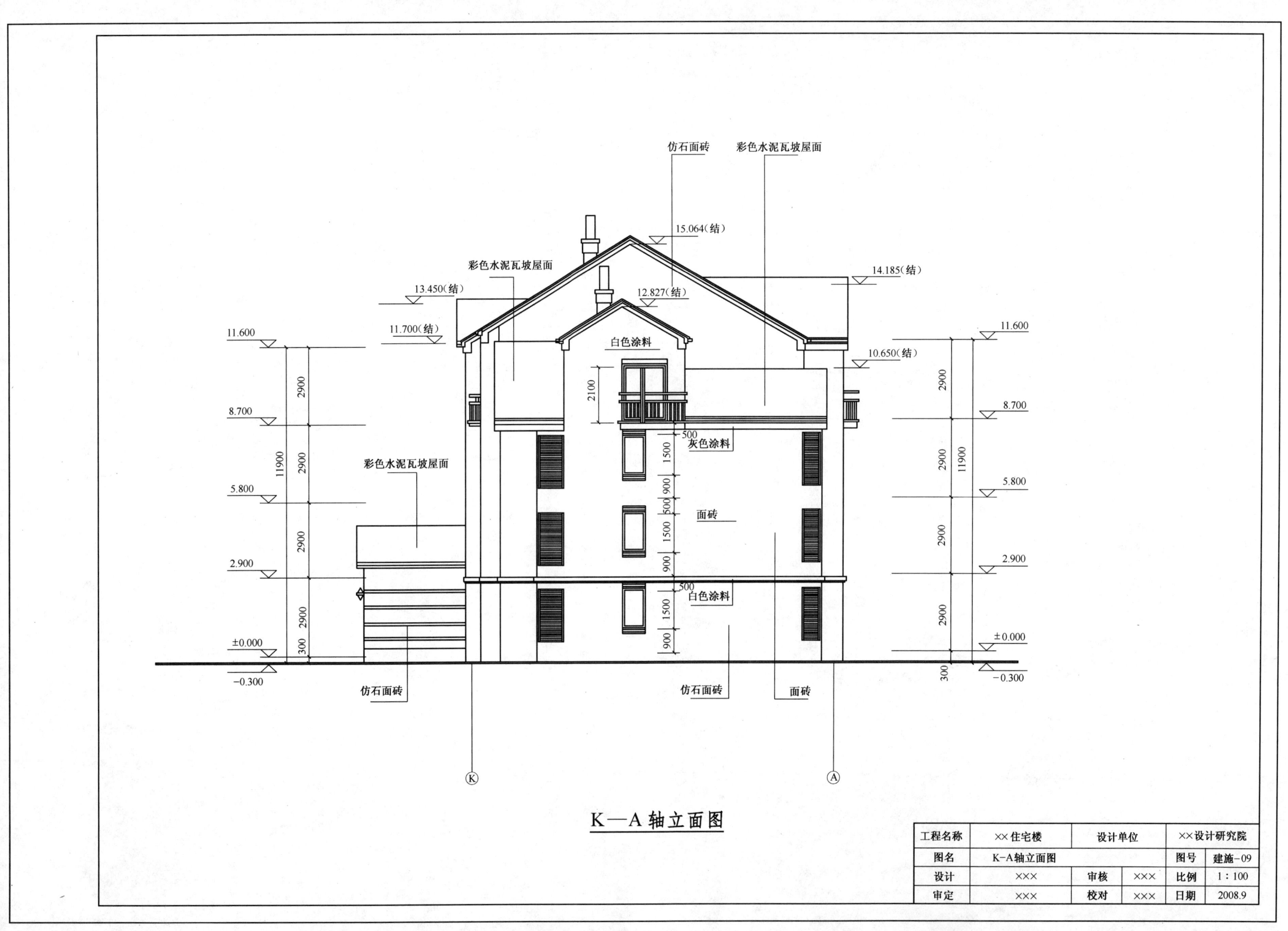

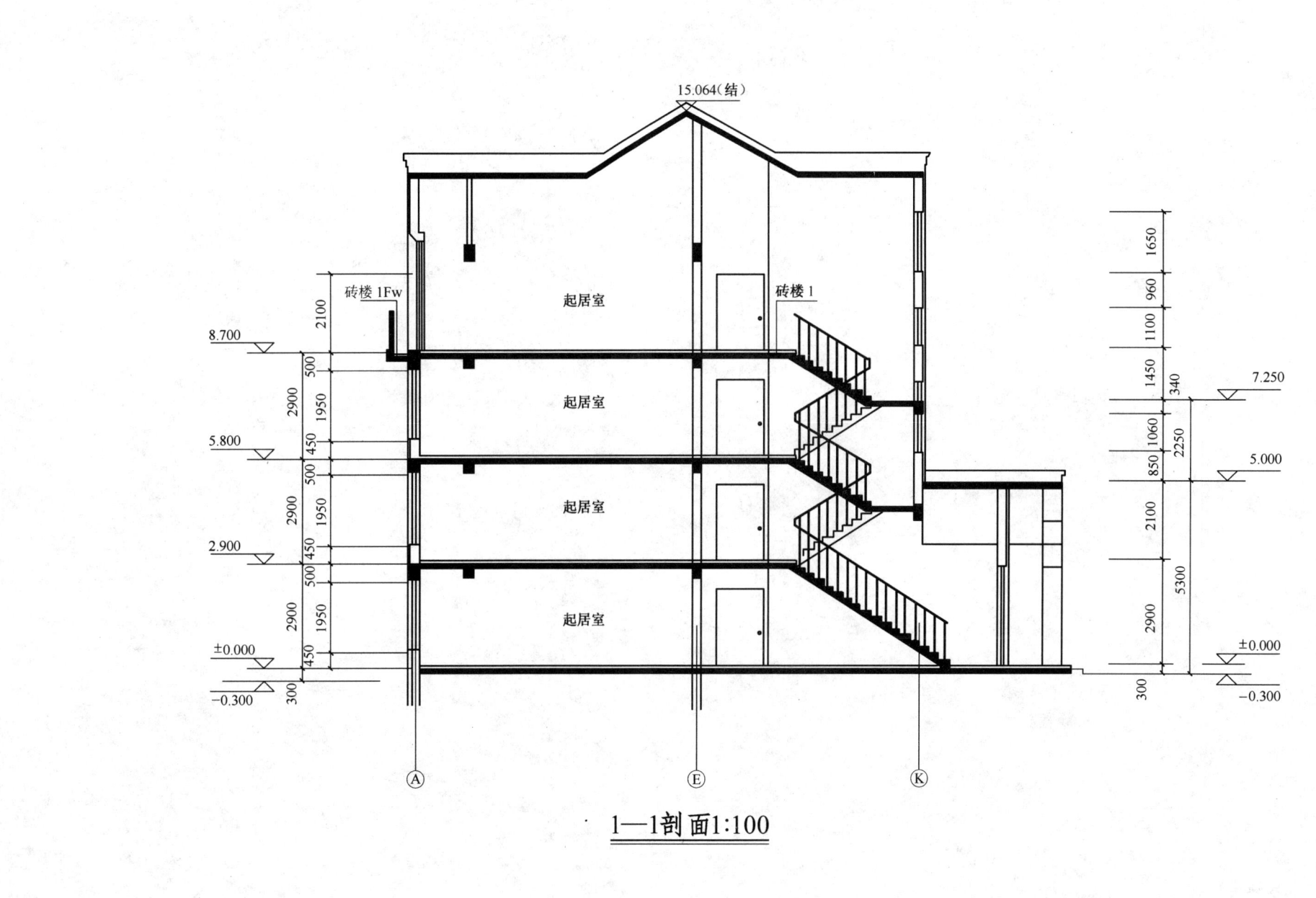

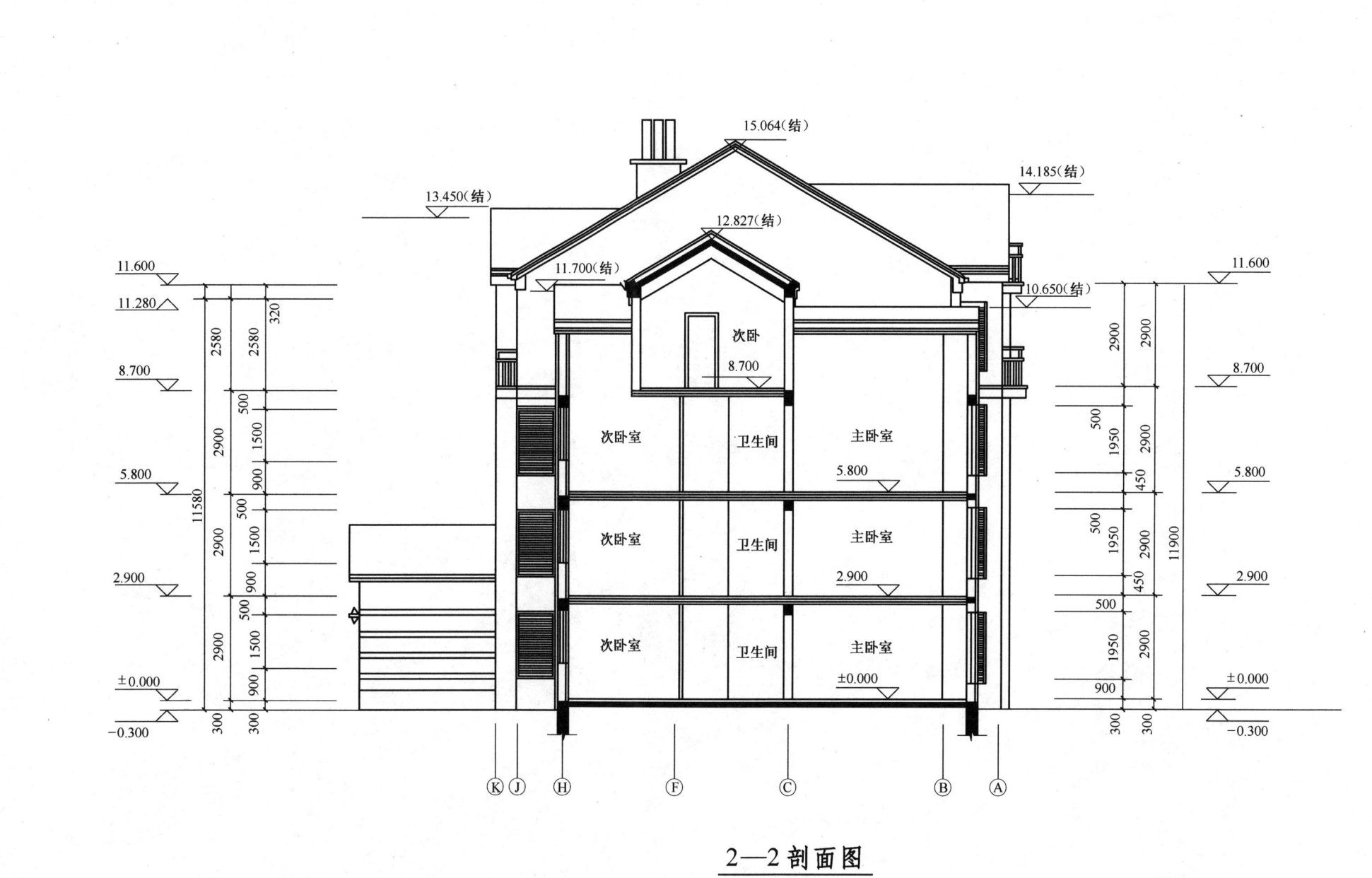

2—2剖面图

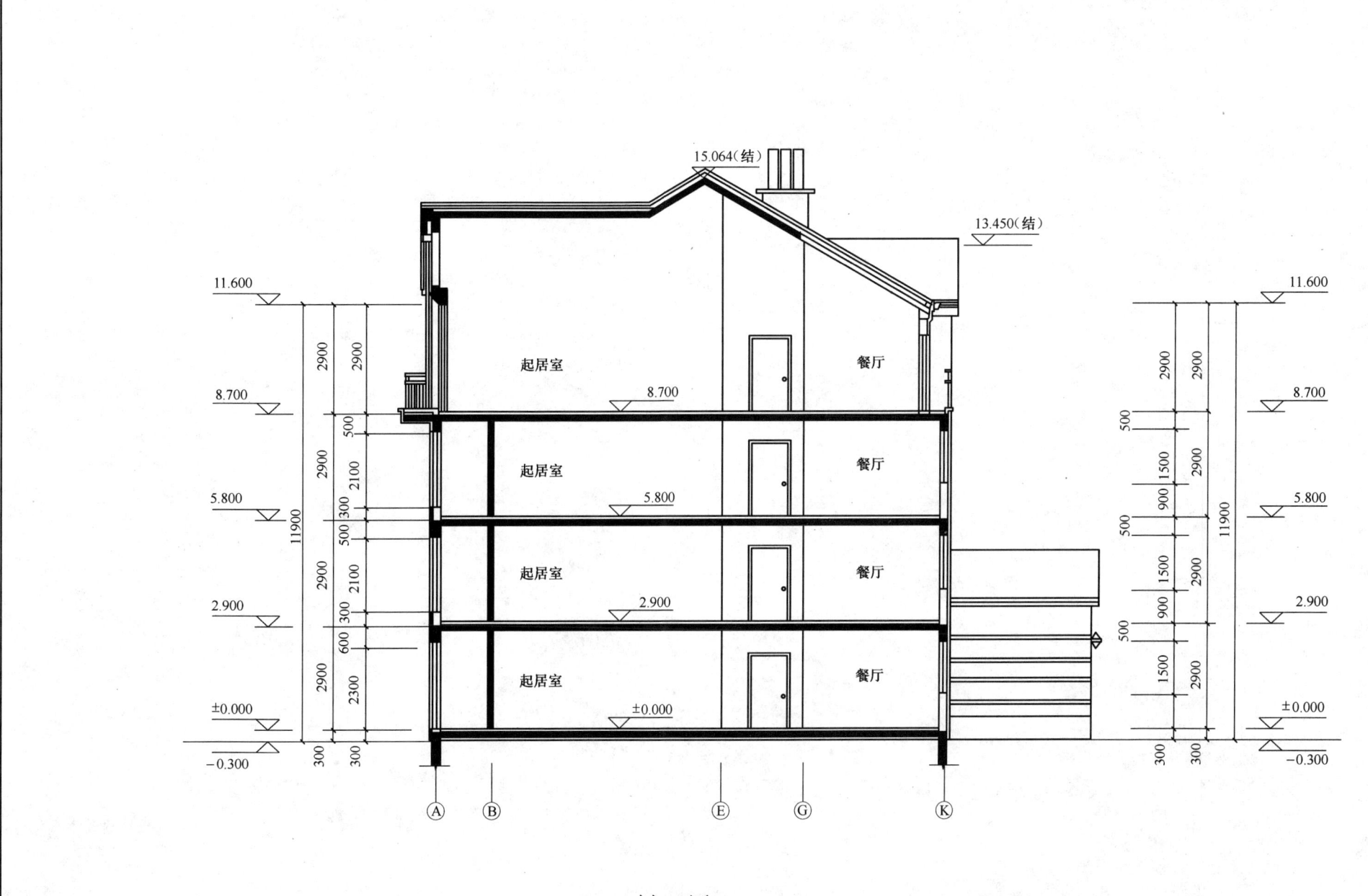

3—3 剖面图

工程名称	××住宅楼		设计单位	××设计研究院	
图名	3-3剖面图				图号 建施-12
设计	×××	审核	×××		比例 1:100
审定	×××	校对	×××		日期 2008.9

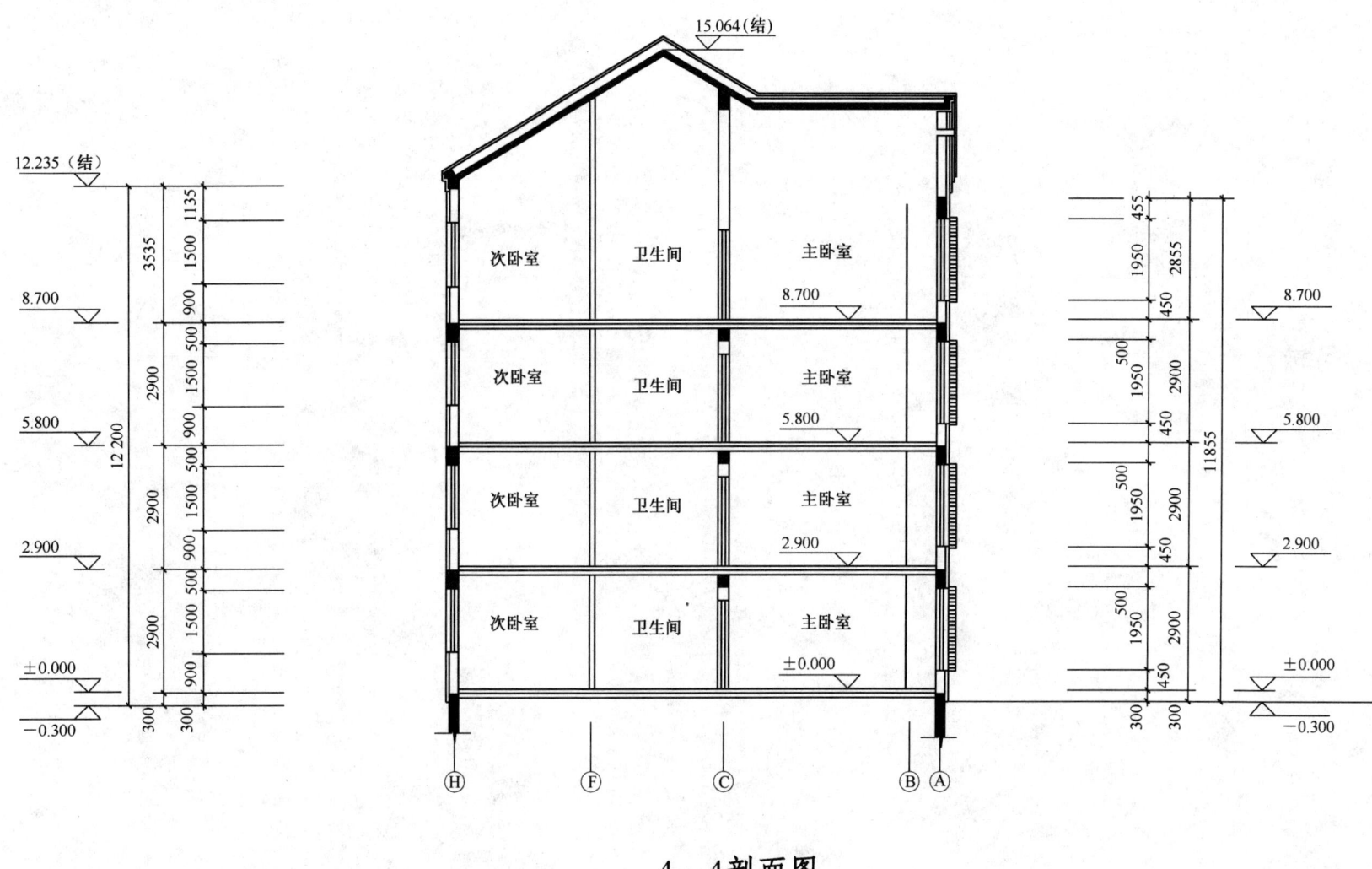

4—4剖面图

工程名称	××住宅楼	设计单位	××设计研究院		
图名	4—4剖面图			图号	建施-13
设计	×××	审核	×××	比例	1:100
审定	×××	校对	×××	日期	2008.9

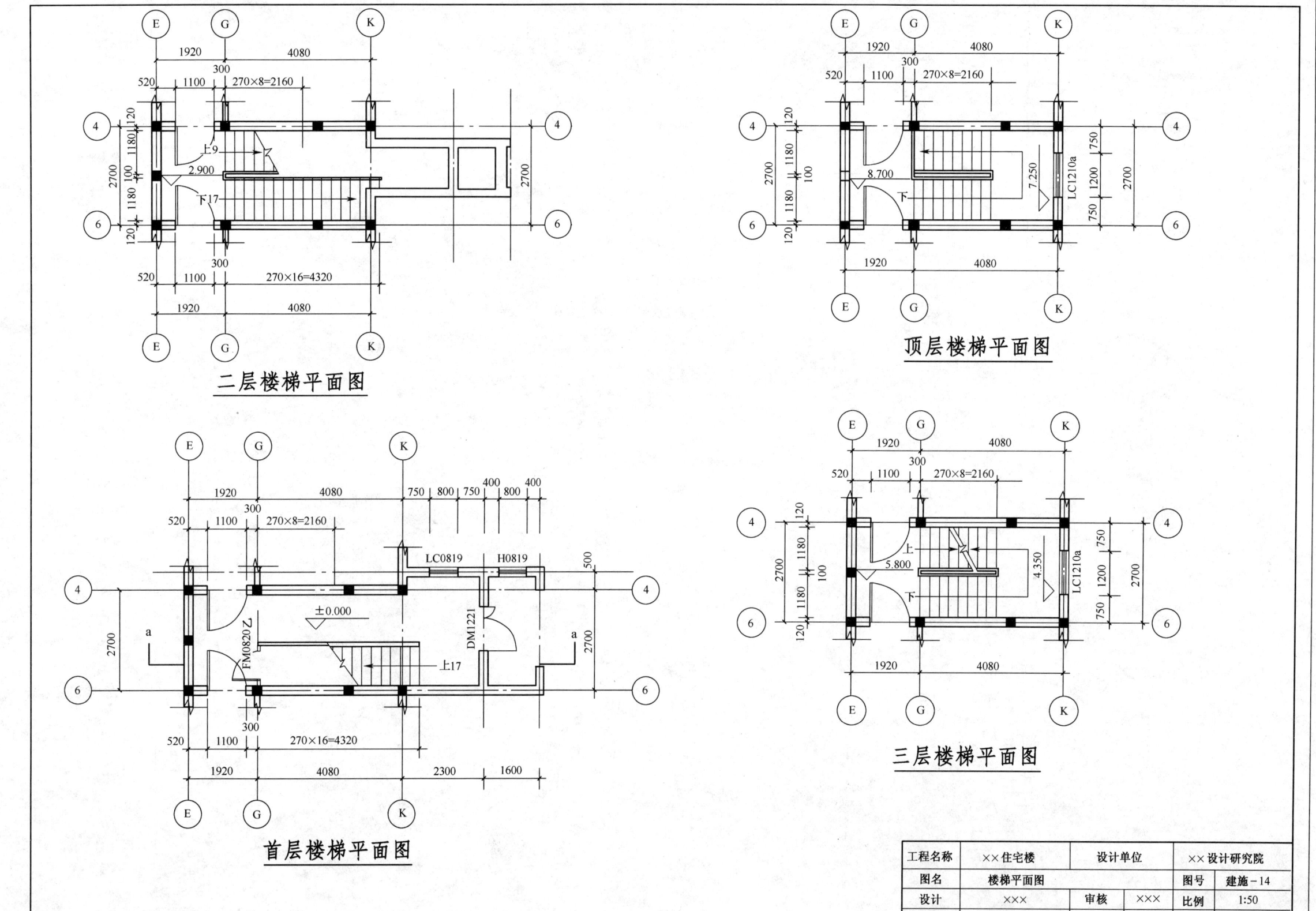

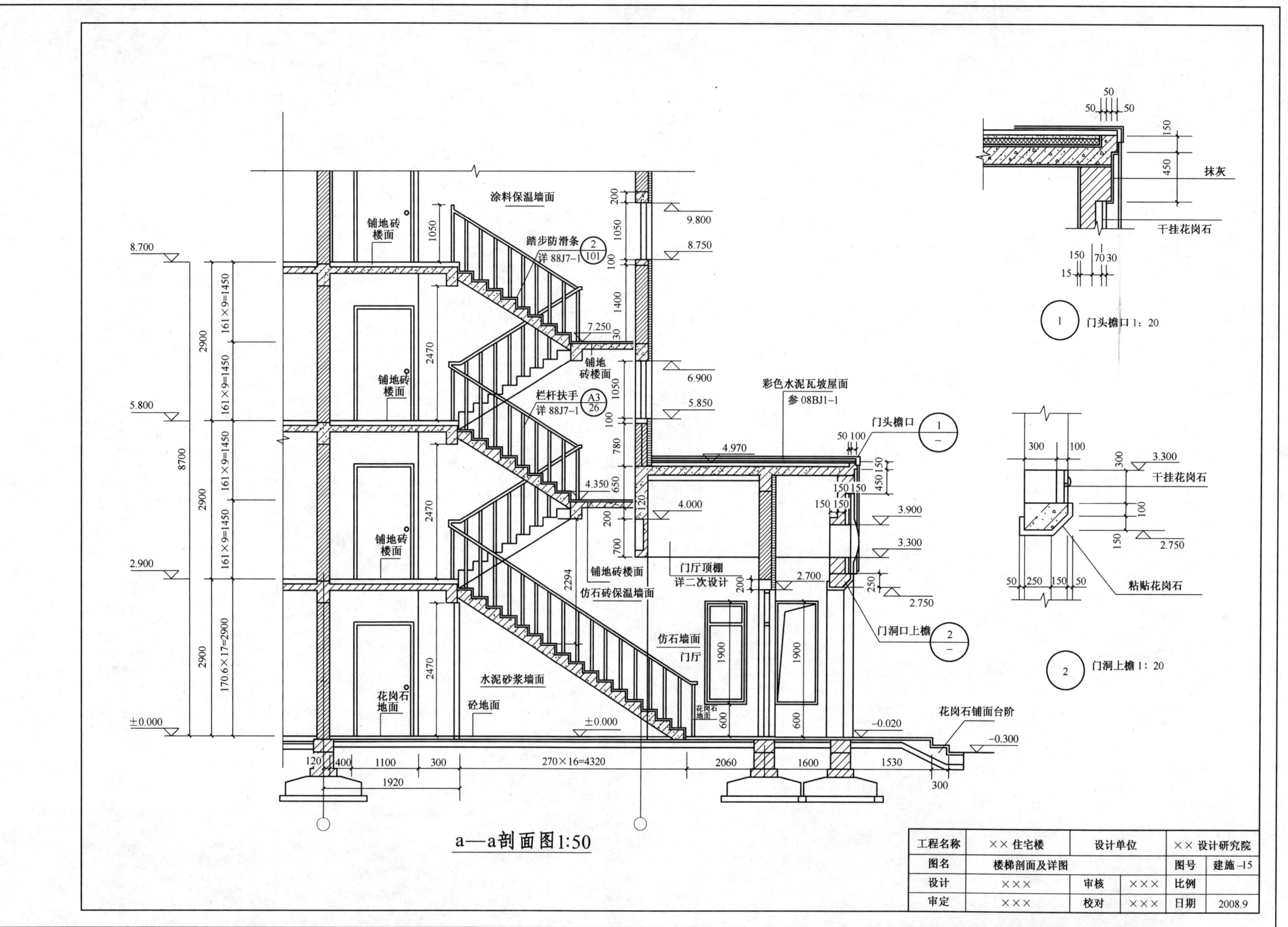

结构设计说明

一、设计依据

《建筑结构可靠度设计统一标准》GB50068-2001
《建筑抗震设计规范》GB50011-2001
《建筑结构荷载规范》GB50009-2006
《混凝土结构设计规范》GB50010-2002
《建筑地基基础设计规范》GB50007-2002
《砌体结构设计规范》GB50003-2001

二、工程概况

本工程为住宅3、4层,结构形式采用砖混结构
建筑耐久年限:50年
建筑结构安全设计等级:二级
地基基础设计等级:丙级
建筑抗震设防类别:丙级

三、尺寸单位

本工程标高以米(m)为单元,尺寸以毫米(mm)为单位

四、主要结构材料

1. 混凝土
   基础垫层C15 条形基础C30
   各层楼板、梁、圈梁、楼梯、构造柱C25
2. 钢筋
   普通钢筋Φ-HRB235、Φ-HRB335、Φ-HRB400
3. 砌块承重墙块体采用烧结页岩多孔砖,强度等级:一、二层MU15,三层以上MU10;砂浆
   ±0.000以下采用M10水泥砂浆,±0.000以上采用M10混合砂浆
4. 填充墙:采用陶粒空心砌体,强度等级应大于MU3.5采用M5混合砂浆

五、圈梁

每层楼板位置均设置圈梁一道,沿所有纵横墙贯通,具体位置结施-05

六、过梁

所有门、窗洞口均设置现浇过梁,过梁配筋见本页

图纸目录

序号	图号	图名
1	结施-01	设计说明 图纸目录 过梁配筋图
2	结施-02	基础平面图
3	结施-03	基础详图
4	结施-04	二层结构平面图
5	结施-05	圈梁平面布置图及构造柱配筋图
6	结施-06	三层结构平面图
7	结施-07	四层结构平面图
8	结施-08	层顶结构平面图
9	结施-09	楼梯结构图

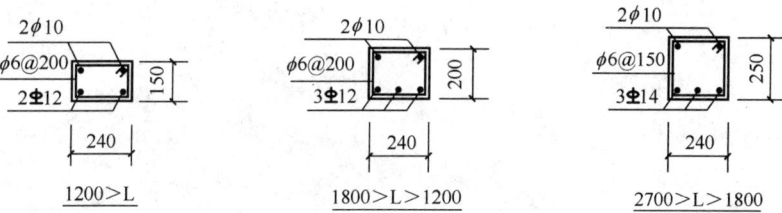

过梁配筋图

工程名称	××住宅楼	设计单位	××设计研究院		
图名	结构设计说明 图纸目录 过梁配筋图			图号	结施-01
设计	×××	审核	×××	比例	1:100
审定	×××	校对	×××	日期	2008.9

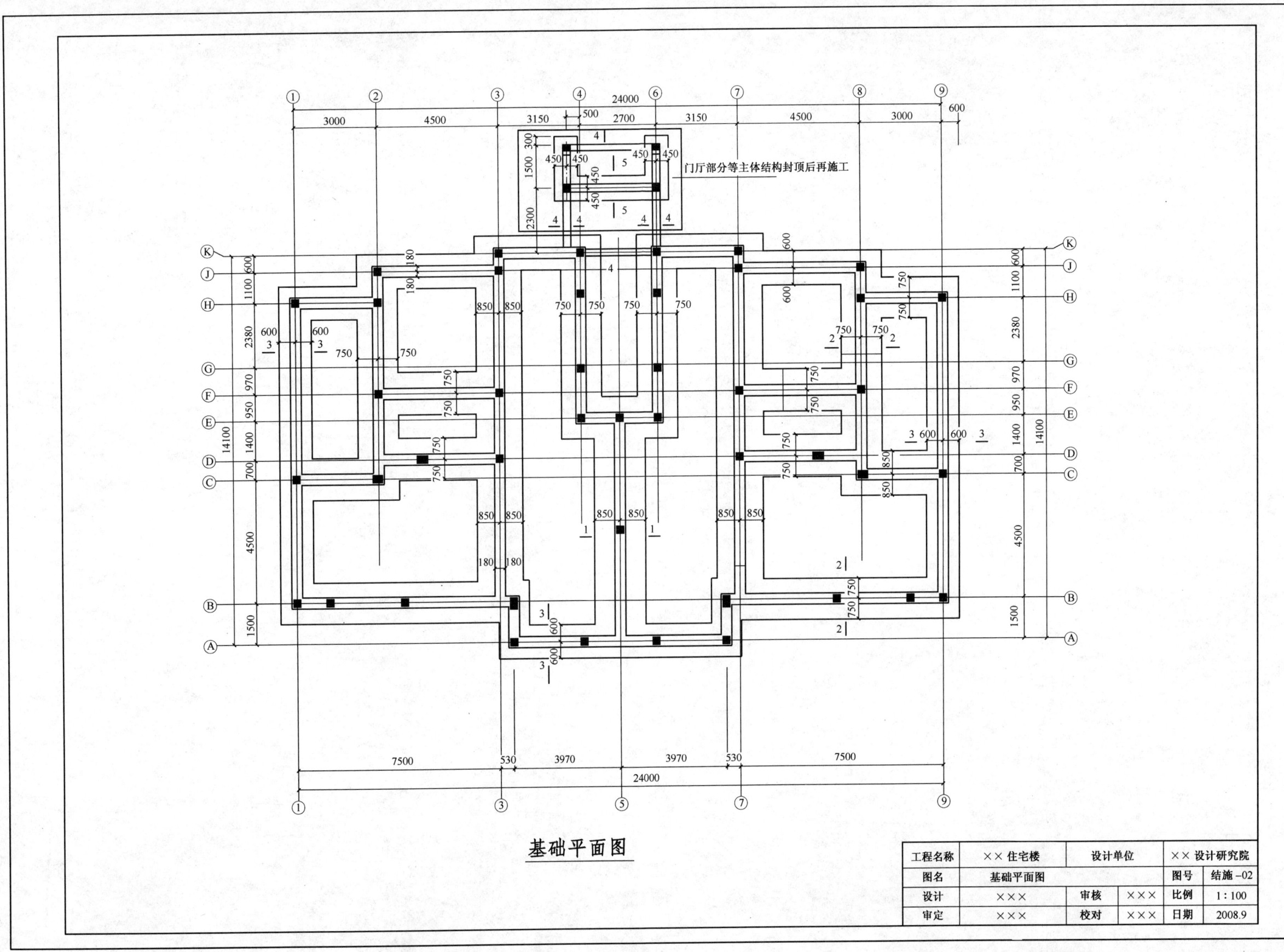

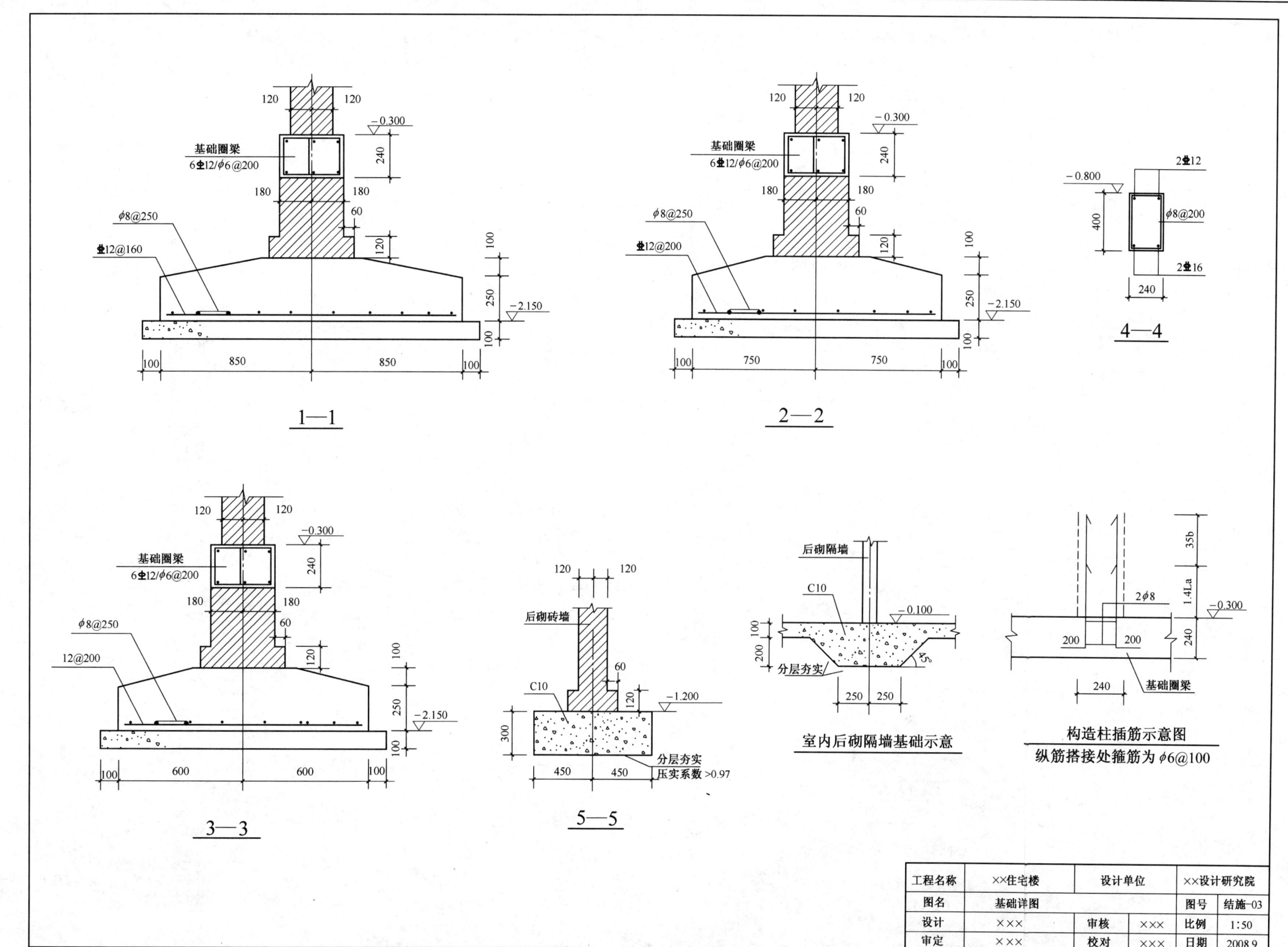

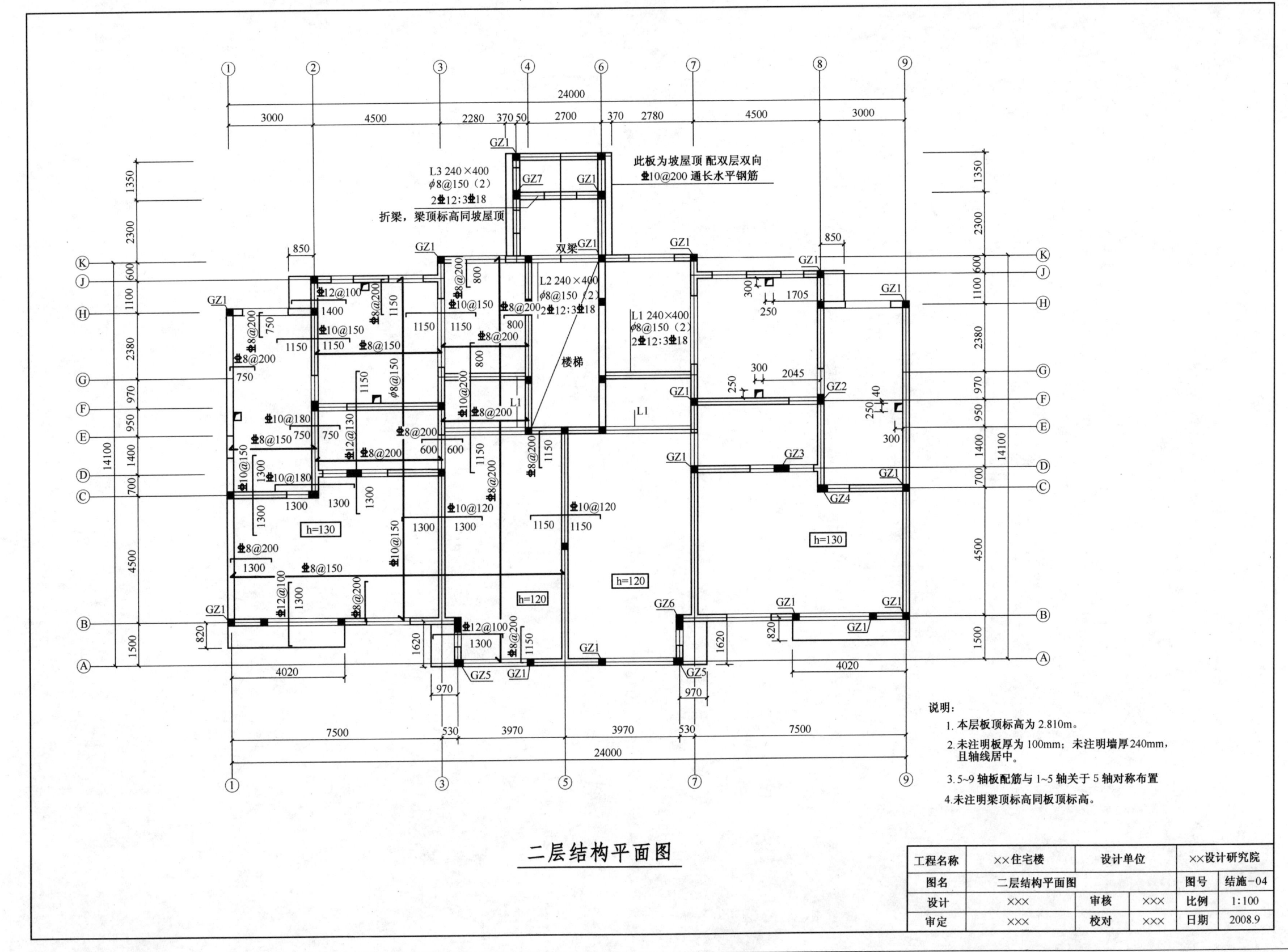

二层结构平面图

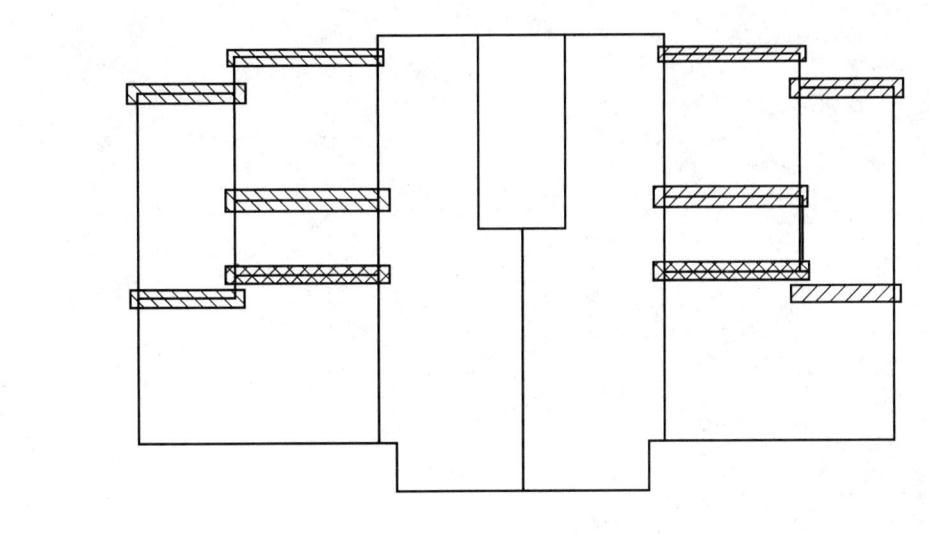

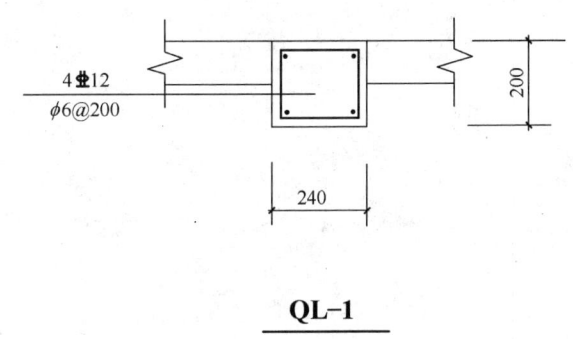

QL-1

⊠ 范围内墙体均应沿墙高每隔 120mm 配置 2φ6 通长水平钢筋

▨ 范围内墙体均应沿墙高每隔 180mm 配置 2φ6 通长水平钢筋

圈梁平面布置图

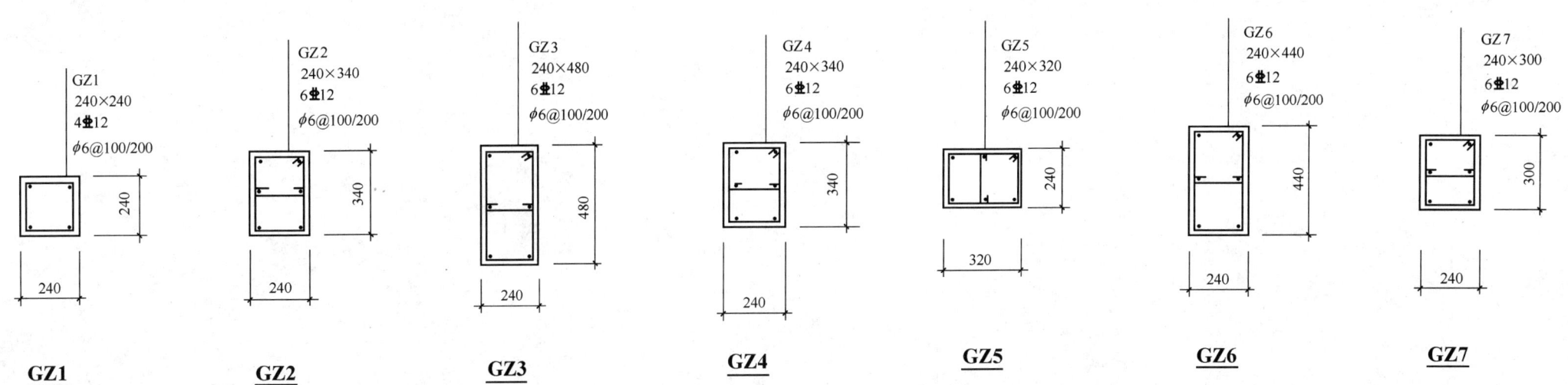

构造柱配筋图

工程名称	××住宅楼	设计单位	××设计研究院		
图名	圈梁平面布置图及构造柱配筋图			图号	结施-05
设计	×××	审核	×××	比例	
审核	×××	校对	×××	日期	2008.9

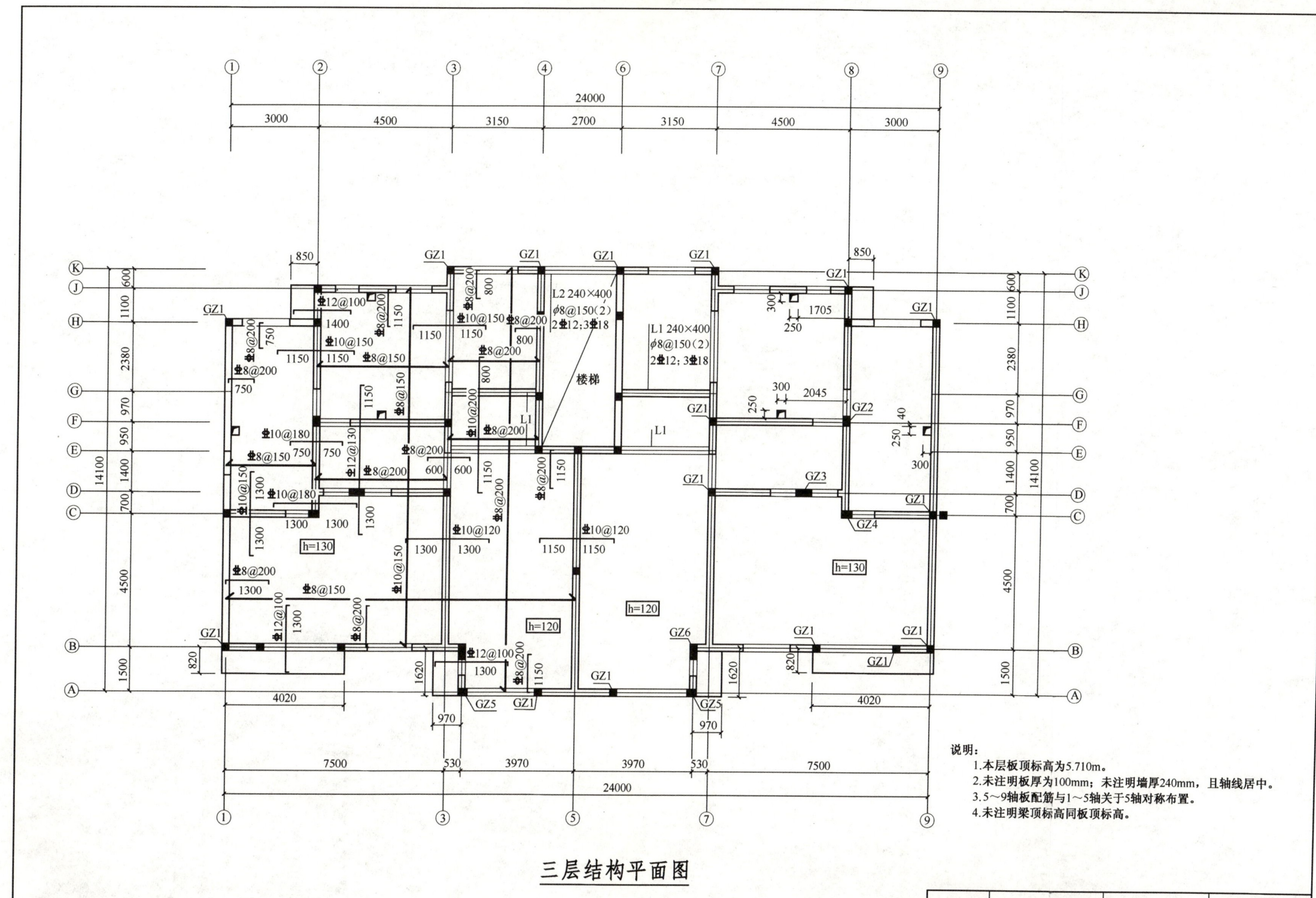

三层结构平面图

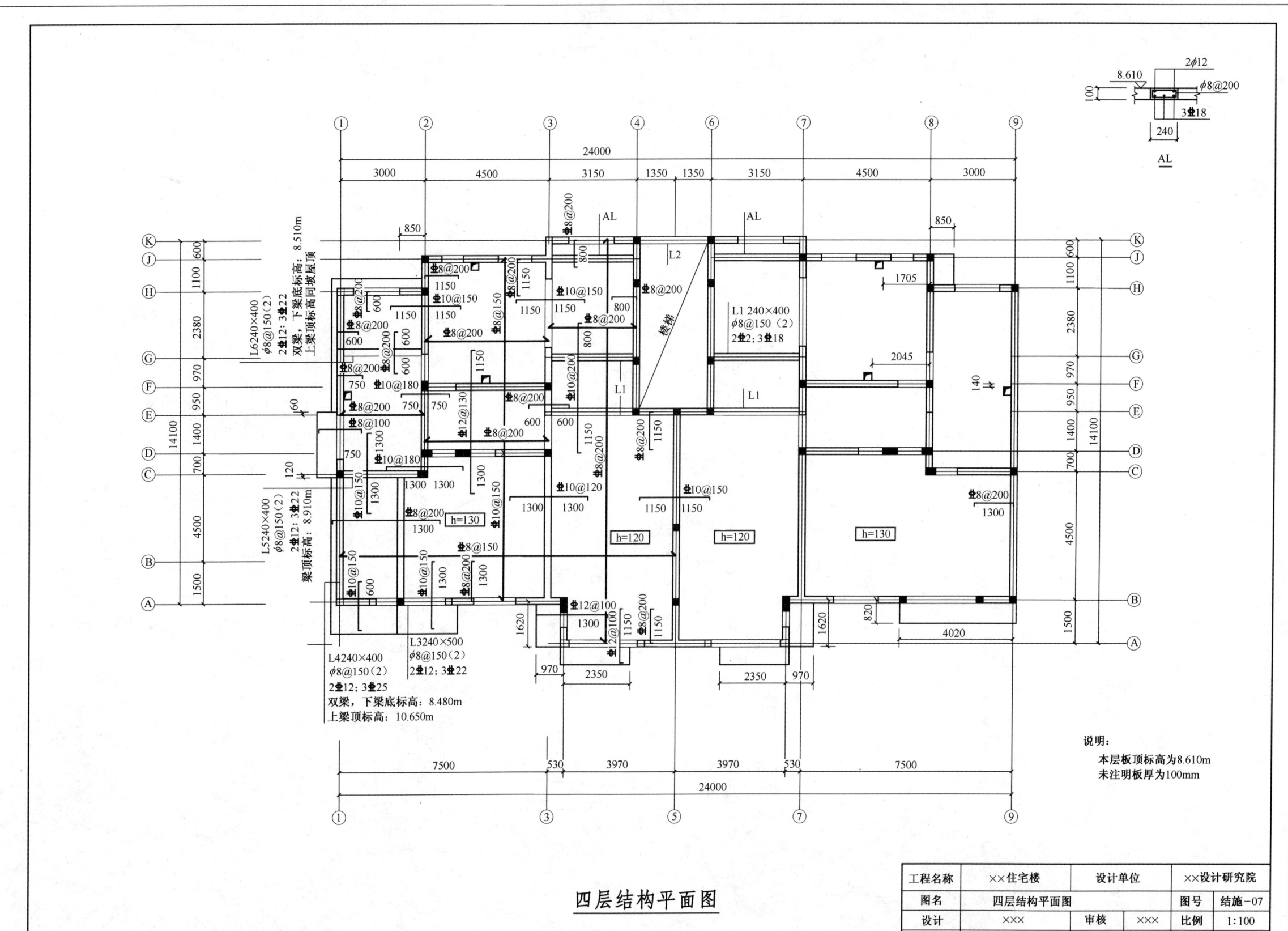

四层结构平面图

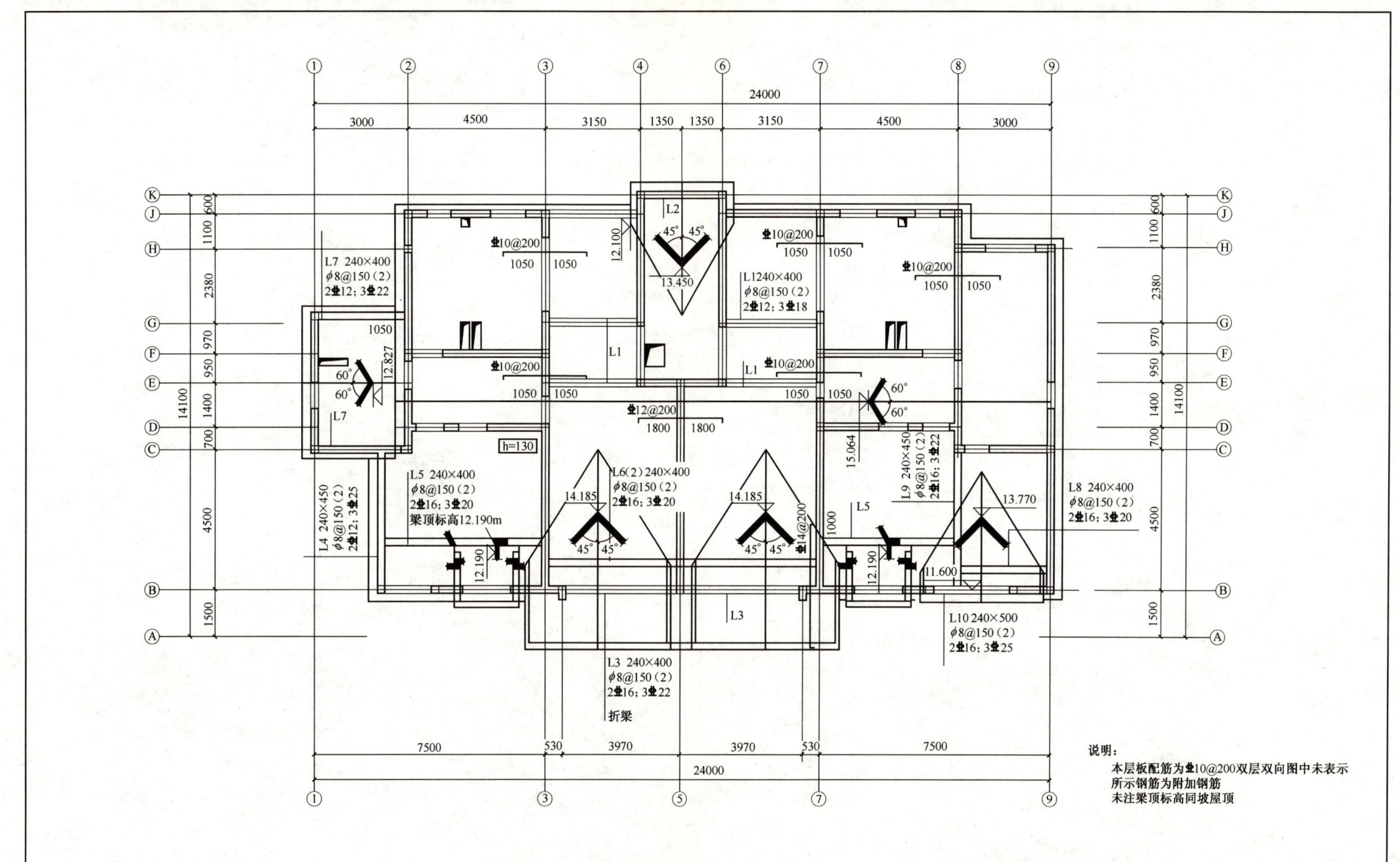

屋顶结构平面图

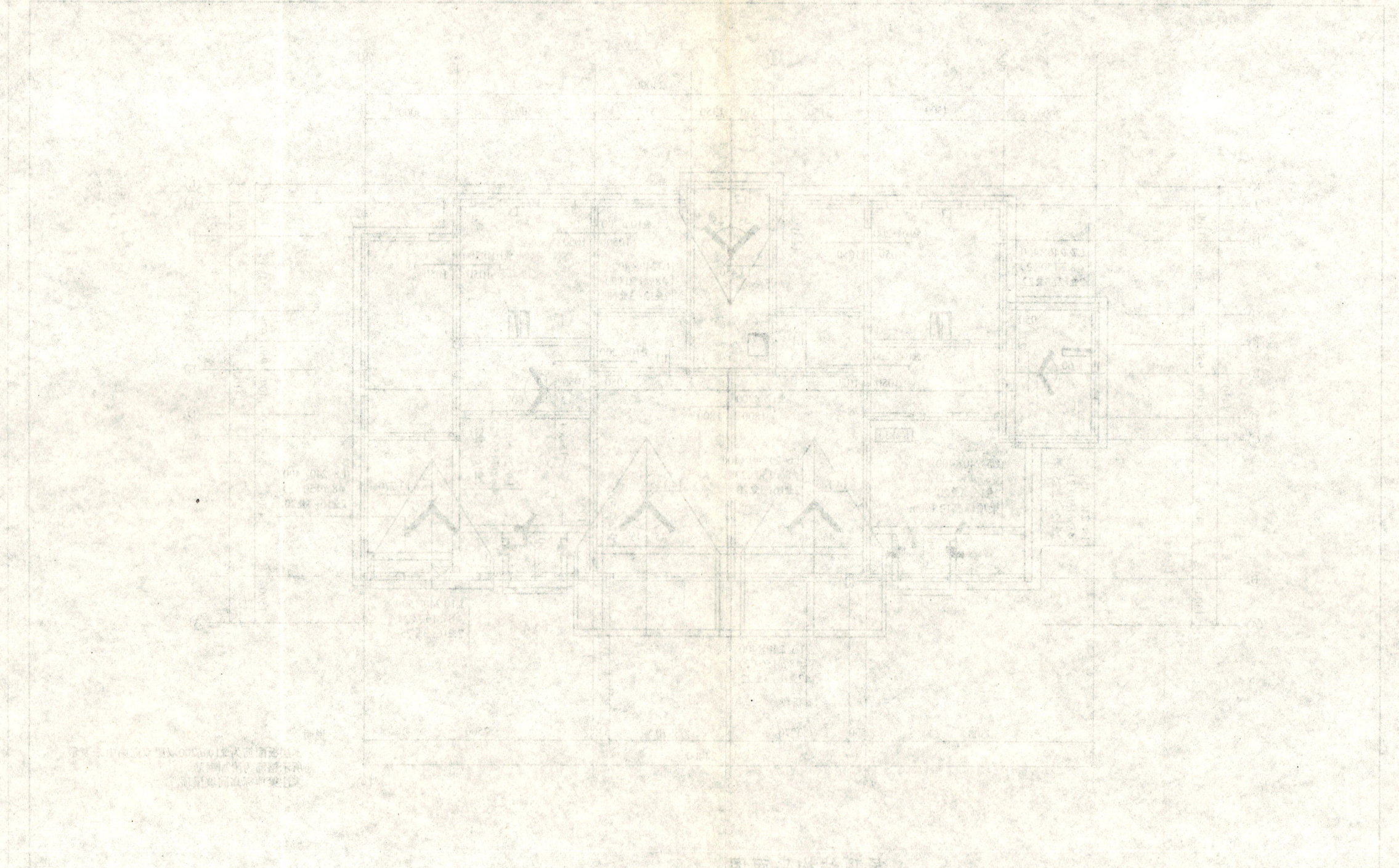

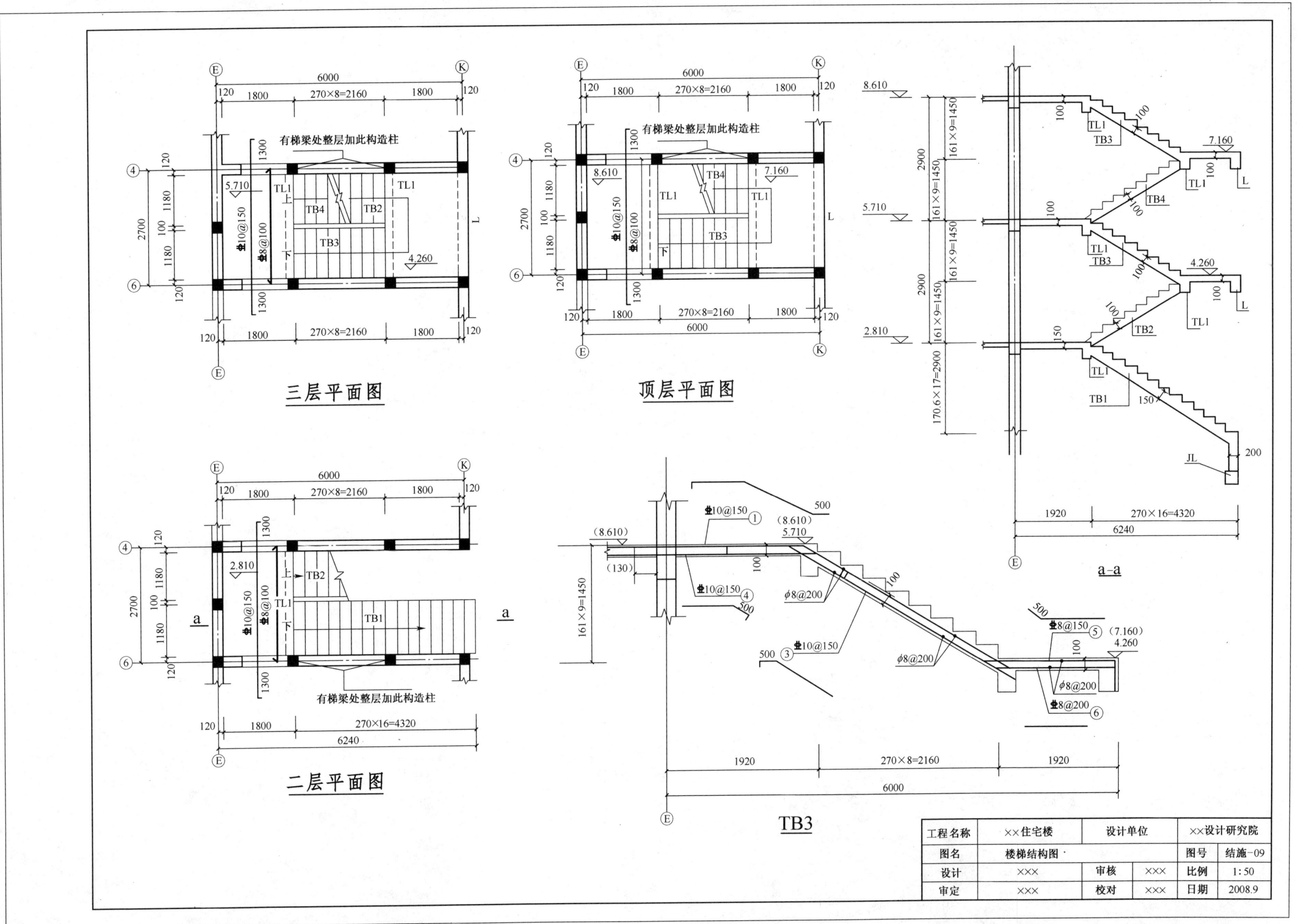